北京都市型现代农业的演进与发展

张一帆　王俊英　主编

中国农业出版社

图书在版编目（CIP）数据

北京都市型现代农业的演进与发展/张一帆，王俊英主编 . —北京：中国农业出版社，2017.3
ISBN 978-7-109-16569-4

Ⅰ . ①北⋯　Ⅱ . ①张⋯②王⋯　Ⅲ . ①现代农业－农业发展－研究－北京　Ⅳ . ①F327.1

中国版本图书馆 CIP 数据核字（2017）第 054388 号

中国农业出版社出版
（北京市朝阳区麦子店街 18 号楼）
（邮政编码 100125）
策划编辑　黄　宇
文字编辑　刘昊阳

中国农业出版社印刷厂印刷　　新华书店北京发行所发行
2017 年 3 月第 1 版　　2017 年 3 月北京第 1 次印刷

开本：850mm×1168mm 1/32　印张：7.625
字数：190 千字
定价：40.00 元

（凡本版图书出现印刷、装订错误，请向出版社发行部调换）

编 著 者 名 单

主　编　张一帆　王俊英

副主编　宗　静　程　明　周继华

编　委　张一帆　王俊英　宗　静　程　明

　　　　周继华　许永新　孟范玉　徐　晨

　　　　毛思帅　张　猛　李　锐

释题语丝

　　事物的发生、发展、演进，直至正名，都要经历一定的历史过程。这一过程的长短因事而异。如从播种到出苗，白菜只需 1 天多时程，大豆需 3 天多，而小麦则需 6 天多。

　　都市农业是附会于都市的发生、发展与演进相伴而行的。北京城市的发生是从原始村落发展为方国燕的都城；到战国时发展为燕国的都会；从秦国统一中国后到宋代为国家层级的军事重镇；辽为陪都；从金至今为国家首都。在这一漫长的都市演进中，市郊的农业始终附会相伴演进，形成供需的相依关系。

　　新中国成立后，这种关系进一步演进为"服从于和服务于都市需求"。1953 年 4 月，北京市委即提出《关于解决北京市蔬菜供应问题的意见》；1959 年 2 月，北京市委、市人委即人民委员会提出的"郊区生产"为城市服务的方针，要求"把郊区农村建成为首都服务的副食品生产基地"；1981 年 9 月北京市委、市政府提出"服务首都，富裕农民，建设社会主义现代化新农村"的指导方针；1994 年，学界和朝阳区都提出发展"都市农业"的新概念；2005 年，北京市农委正式出台《关于加快发展都市型现代农业的指导意见》，把北京农业发展定位于都市型现代农业，明确提出"以服务城市、改善生态和增加农民收入为宗旨""使郊区农业和城市发展相互融合、相互依托、和谐发展。"

可以说，人们对呈现不久的北京都市型农业是伴随着建城 3 000 多年的演进和隐形发展而渐进认识的。

张一帆

前　言

　　今日的北京在建设有中国特色的社会主义的康庄大道上勇往直前、繁荣昌盛，并跻身于世界国际化大都市，成为国际间交往的热点之一。究其因，首先是国家的首善之区，是国家的政治中心、文化中心、国际交往中心。智慧的北京人民在党中央、国务院和北京市委、市政府的正确领导下，认真履行中央提出的"四个服务"。

　　"民以食为天"，农业服务是四个服务的基础，尽管北京市是大城市小郊区，当今农林牧渔业总产值在地方国民经济总值中不到1％，但它却事关首都100％人口日益增长的生活需求。其中尤以鲜嫩活、名特优及外埠不可替代或难以替代的副食品和风险应急等产品更为突出。新中国成立后的1953年春，中共中央就提出"大城市郊区农业生产应以生产蔬菜为中心，并根据需要与可能发展肉类、乳类和水果生产，以适应城市需要，为城市和矿区服务"。为贯彻这一方针，北京市委、市政府明确提出"郊区农业为首都服务"的方针，要求"北京郊区的农业生产必须采取供应城市的需要，与市政建设密切配合"，要"有计划地发展蔬菜、水果、乳肉生产"。从此，近郊农业的首要任务就是建设副食品生产基地，保障供应。1979 年，北京市委在全市农村工作会议上又提出"北京农业要坚持为大城市服务的方针，逐步把郊区建成首都现代化的副食品基地"；1981 年 9 月 2 日，北京市委、市政府提出"服务首都，富裕人民，建设社会主义现代化新农村"的指导方针，指出在抓紧粮食生产的同时，努力发展多种经营，并有计划地建设蔬菜、生猪、牛奶、禽蛋、鲜鱼、果品等各项生产基地。在改革开放不断深化中，京郊农业生产逐渐由计划经济体制下的统购统销转变为市场经济体制，以市场为导向进行商品化大生产。为适应市场经济的发展，1992 年 3 月，北京市委、市政府修订了郊区经济工作方针，提出"服务首都，面向全国，走向世界，富裕农民，建设社会主义现代化新农村"。在这些方针的导引下，从新中国成立以来，京郊农业即由以前的"自给自足"与供养城市相结合的小农业，走向"服务首都，富裕人民"的市场化大农业，即都市农业和都市型现代农业。然而，就北京来说，都市农业概念的提出则是在 1994 年，由学界按照"洋为中用"的原则从日本及我国台湾地区引入，并由朝阳区率先于当年结合实际创造性应用，首先创办了朝来农业园，实行园艺生产、观光、科普、营销相结合的面向社会的服务型产业。由此，都市农业就在京郊逐步兴起，时称城郊型都市农业。进入 21 世纪，在推进城乡一体化的过程中，人们认识到应打破城乡界限让农业进城，让远离农业的人们在市井中也能体验农业、沐浴农业文化、珍惜农业劳动成果。到 2005 年，出台《关于加快发展都市型现代农业的指导意见》，着力围绕开展生产功能，发展籽种农业；开发生态功能，发展循环农业，开发生活功能，发展观光农业；开发示范功能，发展科技农业。农业的布局也发生了相应的变化，一头由近郊区延伸到市内，包括东城、西城在内重点发展会展、体验、观光类城市农业；一头延伸到周边地区发展合作农业。无论从产业实体看还是从布局看，或从发展方向"生态、安全、优质、高效、高端"来看，都市型现代农业已由传统农业阶段单一的产品生产或经济再生产转变为产品生产、观光休闲、生态呵护和科技示范等多功能的服务型产业；由粗放型增长方式转变为集约型增长方式，并且形成了产、加、销一体化的产业链，农副产品大幅增长，商品率显著提高。农业运行出现新特点：优势农产品发展成势，区域特色日益明显；农业生态功能明显增强；生活功能即观光、旅游等进一步增强和发展壮大；农产品生产的质量和效益在提升；农民人均纯收入增长幅度自 2009 年已连续 8 年超过城镇居民，2016 年达到 22 310 元。（见《京郊日报》2017 年 1 月 23 日）都市型现代农业已进入集约型增长与可持续的发展期。

　　北京都市农业和都市型现代农业的发展总体水平是走在全国农业前列的，符合当今世界城市农业发展走向，其基本影响力在于城市的性质及城市发展的牵动。最初的城市都是从农业文明的土壤中萌发出来的。城市原本仿佛是一个扩大了的乡村。城市的出现孕育着一种新的文明。在古代，大量的士、工、商贸及各阶层人士聚集在城市里，带来了交往、对话的便利；商业的兴起，城市生活的追求，推动了经济的发展，对话的频繁，促进了文化与文明的发展。据考证，北京城就是由商周时期的原始村落发展起来的方国燕都（城）和蓟国都城蓟，在社会历史的发展进程中，尽管其名谓多变，但其性质与地位则在多变中提升——由古村落→古城→方国都会→北方军事重镇→陪都→中华国都→走向世界城市或国际化大都市。随之对农业需求的供给水平也不断提升——一是促进农业商业化的提升；二是促进农业产量和产品质量的提升；三是促进农业商业交换（易）形式的提升（如由物质交换→货币交换；由胡市→集市→商市……）；四是促进农业的商品化与附加值的提升；五是促进农业由单一的经济再生产→多功能商业性服务经济；六是由资源掠夺型再生产→资源节约型再生产；七是京畿农业由"五谷丰登"为主，逐步演化为以副食品基地化生产为主；八是农业由采集渔猎农业→"刀耕火种"式原始农业→精耕细作的传统农业→集约经营的现代农业；九是农产品的生产布局：鲜嫩上市的蔬菜生产以京郊为主，细粮（小麦、水稻）生产以平原地区为主，杂粮以山区为主，干果上山，鲜果以山区盆地及平原为主，猪、牛、鸡生产以近郊平原区为主，羊以山区为主。

纵观北京农业上述九个方面的历史性演进，可以判认北京农业的演进，故有遵循天时、地利、人和"三才论"

的经济规律，亦是顺应北京城市发展的需求，在一定意义上或在相当程度上是与城市发展与性质提升的牵动密切相关的。都市型现代农业的出现，就是这犹如"十月怀胎"的历史性演进中的"一朝分娩"。基于这种认识和占有的一些微妙的史实，构筑出《北京都市型现代农业的历史演进与发展》，以揭示北京都市型现代农业不只是当代的一种创新业态，还有着漫长而受城市演进牵动与提升的历史过程和古今北京人的潜心抚育，是农业服务城市的历史经验与智慧的结晶，彰显古今北京农业的特色所在！

"以古为镜，可以知兴替"。故回首，城乡共济，市场充实。自三千多年前北京古城出现起，北京农业就与北京城的发展、升级同行，维系着城市的繁荣昌盛。早在作为燕国都城蓟的郊区就以"渔盐枣栗之饶"著称于世，蓟被称为"天下名都"；辽升幽州为陪都（南京）时，是"膏腴蔬蓏、果实、稻粱之类，縻不毕出，而桑柘、麻、麦、羊、豕、雉、兔、不问可求"；到元代，上市农产品"四时不同""百货充溢"；到清代，商品性生产日益兴盛。看今朝，都市农业兴旺发达，繁荣昌盛并不断出现"升级版"，即由城郊农业→城郊型都市农业→都市型现代农业→高效节水都市型现代农业……此乃古今北京农业向城市化演进的龙脉也！

编著者

2016.6

目　录

题　　跋

　　时至 1994 年，北京农业已历经一万多年、北京城建史已达三千零四十年，北京的都市史也达八百多年，北京农业系统完整地经历了原始农业、传统农业，进而跨入现代农业。在这漫长的历史演变中，直到 1994 年，京华大地凸显北京农业质与功能的飞跃——这一年朝阳区在第七次党代会上破土提出"都市农业"的新概念，并将"都市农业工程"列为《朝阳区国民经济和社会发展"九五"规划和 2010 年远景目标纲要》中经济发展的六大工程之一，意在践行中央对北京提出的"四个服务"要求，不仅要以优质的农副产品满足城市需要，还要为城市提供优美的生态环境，与现代化城市建设协调并满足大都市人们回归自然、体验农趣的愿望。在有限的耕地上实现最佳效益，依靠科技，保证农副产品生产任务的完成，实现高产、高质、高效，改革传统农业结构，广泛利用资源，扩大经营范围，提高农业生产的附加值。

　　当时列定都市农业的内容是：①按照《北京城市总体规划》，朝阳区农业主要在东郊四乡、两农场实行农、林、牧、渔大农业生产布局；②都市农业融入城市绿化美化，与城市建设共同发展；促进城乡一体化；③将农业办成现代化企业，并形成区域特色，重点发展名、特、优、新农副产品和附加值高的产品，实现高产、优质、高效；④具有旅游、观赏、休闲、娱乐、科研、教学、体验等功能，形成城市里别具特色的绿色景观。

　　按照以上规划内容，该区突破传统农业单一的生产服务功能，破天荒地扩展到生活、生态功能，在起步（开局）之时，就陆续建起：①莱太花卉交易市场，由太阳宫投资 1.5 亿元兴建，占地 45 亩[①]，总建筑面积 2.1 万米^2，由展示大厅、花卉超市、拍卖厅、冷库等部分组成，主要经营国内外花卉精品及相关的各类产品；②朝来农艺园，占地 450 亩，属于蔬菜生产高科技示范园区，区内设置特菜生产区、净菜加工区、生产娱乐区、休闲观赏区、高科技示范区等，园区温室生产监控与操作全部采用封闭式计算机操作、控制、管理，全自动化生产，实现了特菜和花卉苗种培育、生产的工厂化，严格按照"绿色食品"标准引进、生产国内外名、特、优、新蔬菜 23 类，近百个品种；③王四营高效农业示范区，利用华能电厂余热，建起 45 亩智能化温室，生产特色蔬菜、精品花卉、特色水产品等；④东坝乡综合种植示范区，主要生产特菜、食用菌、花卉、观赏果品和精品杂粮等；⑤金盏乡花卉产业基地，其主导花卉为郁金香，引进了 13 个名品、50 多个品种，还有仙客来等 30 多个品种；⑥黑庄户观赏鱼养殖基地及水产科技园等。仅从这初起的都市农业实践及效果看，它们不仅继承了农业生产服务城市、"保障供给"的功能，还适应了现代市民在解决了温饱进入"小康"后，不但要吃饱、吃好、吃出健康，还要追求回归自然、亲近农业、愉悦身心、沐浴农业文化、陶冶农业情操，缩小城乡差距的要求。说到底，都市农业的本质内涵即是北京市委、市政府列定的"服务首都，富裕人民，面向全国，走向世界"。从这四句话中，人们可以清晰地看到，都市农业的首要功能是服务首都人民的生活需要。首都是国家的政治中心、文化中心、国际交流中心，这里驻集着国家党政军首脑机关和外国驻华使节、国际组织驻华使团，居住着数量庞大的市民和 56 个民族。他们在这里维护着首都社会的安全稳定，操持着首都的基础建设和经济、社会、文化教育的发展，沟通着国内外的交往，吸引着国内外客商、企业来京投资兴办工商

---

① 亩为非法定计量单位，1 亩≈667 米^2。——编者注

业……总之，他们在这里构建首都社会主义政治、精神、经济、文化、生态文明的大厦。在建设中他们付出了巨大的贡献，同时也需要农业不断满足他们日益增长的物质的、精神的、生态的良多要求。国际经验表明，一个国家或地区，当人均国内生产总值达到 1 000 美元以上时，人们不仅追求物质生活的满足，更追求精神文化方面的满足感。北京市约于 20 世纪 90 年代后期达到这一标准。实践表明，北京地区的市民确正逢其时兴起下乡观光休闲。到 2005 年，北京市"三农"（农村、农民、农业）发展进入了一个新阶段，全市人均国内生产总值超过 5 000 美元，农村全面小康实现程度从 2000 年的 57.75％提高到 2005 年的 84.84％；到 2010 年全市人均国内生产总值达 10 000 美元，达到了中等发达国家或地区的收入水平。朝阳区的试行迅速扩展到十四个郊区（包括四个近郊区），并且不断推陈出新，先后推出精品农业、设施农业、籽种农业、加工农业、创汇农业及观光农业，统称"六种农业"（1997 年提出并实施），到 1999 年，全市"六种农业"创造产值 93 亿元，占农林牧渔业总产值的 34.5％。同时开创了首都市场新局面，主动避开了"大路货"市场，打破 20 世纪 90 年代以来农业徘徊不前的局面。

　　都市农业的实施确实推动了北京农业的"调结构、上水平、提效益"，提高了农民的创业水平和服务水平——以琳琅满目的"特菜"替代了花样单调的"大路菜"；以色彩斑斓、千姿百态的观光休闲园代替了清一色的菜圃、果园；使寂静的鱼塘变成垂钓乐园；使卧藏数百年甚至千古的"贡品"得以继往开来，成为百姓的口福；使广袤的农田变成游赏乐园；使山林变成观景嬉水的休闲圣地；使大片沉睡的沙坑变成怡人的花园；使荒溪变成"龙脉"，成为"百里画廊""不夜谷"、波澜不惊的"经济沟"；使山村羊肠小道变成登山问鼎的修身之径；使大片沙洲变成花海；使荒滩变成滨河公园；使千古荒流利用流水养殖鲟鱼从而变成渔场；使庄稼人都不爱钻的玉米地变成令人游乐的迷宫；使种在地里的庄稼、开在枝头的花、挂在树冠的果就成了商品——凭着它们的风姿吸引游客解甲光顾；使一些曾经名不见经传、难登大雅之堂的"杂粮"如今成了酒店、宾馆宴席上的"第一口食"；使耕地越来越少的农民收益越来越高，腰包越来越鼓。农民的腰包越来越鼓得益于从事都市农业，已不是只盯着土地靠种出的产品挣钱了，而是学会利用无限的智慧在有限的土地上开拓服务增值空间。如过去只靠土地种菜、种粮、种果，卖菜、卖粮、卖果挣点钱，再无别的增值空间。现在，种植观光菜圃、果园供游客观光、采摘，其服务增值空间比传统只从事产品生产供给服务的空间大多了。据资料显示，2007 年仅以观光采摘、休闲娱乐、趣味垂钓、各家体验为主的各类农业观光休闲园区已发展到 1 302个，带动就业农民 7.2 万人，占第一产业劳动力总数的 13.6%；接待游客 2 614.4 万人次，年收入 20 亿元，比 2006 年增长 28%。

都市农业给农业经济产生的正面影响是极为深刻的——在有限的土地上打开了宽阔的作为与增值空间和服务领域，即在有限的舞台上可以打造出多层面的服务产品、获取多层次的增值，因此人们称都市农业有条件地（依托都市）走出了一般农业的边际递减规律。固然，都市农业与普通农业本是同根生，都存在自然与社会风险，但比较而言，都市农业是科技集约度比较高的农业，其发展潜力较大。

随着农村城镇化和城乡一体化的推进和首都的国际化，都市农业仅限于"服务首都"而在区域布局上与城市脱节是不能适应现代人追求城乡整体生态协调、宜居、自然风光协调的。余钊先生在《北京旧事》（学苑出版社，2005 年）中引用西方著名哲学家施宾格勒《西方的没落》中的观点写道："人类所有伟大文化都是由城市产生的……世界史就是人类的城市时代史。"余钊先生还写道："最初的城市，都是从农业文明的土壤中萌发出来的。城市本身仿佛是一个扩大了的乡村。"余先生这段论述表明城乡之间本来就存在"血缘"关系，是血脉相通的。但因长期存在的城乡二元结构，使都市农业在 21 世纪以前，其落脚点或根基一直处于城郊，从地理上被称为"郊区农业"。在行政管理上由北京市政府农村部门负责，而与其血脉相通的城市园林、绿地及与其相关的植树、种植花草等则由北京市政委负责管理。城市花木集群地（公益性的）称公园，而农村花木集群地则称花圃（生产性）、森林、农田林网以及果园。因名义不同其服务品位、价值大相径庭，前者（公园）由政府管理，以出售门票形式对外开放，供公众游乐，后者则由农民为主体进行生产性经营服务。同类工作却城乡脱节、文化各异，造成城乡差别。

在城乡一体化推进中，北京市委、市政府审时度势，提出了建立"部门联动、政策集成、资金聚集、资源整合"的都市型现代农业推进机制，并于 2005 年出台了《关于加快发展都市型现代农业的指导意见》，对都市农业实行城乡统一规划和布局，使都市农业由郊区扩展到城市，到 2010 年，初步形成"五圈九业、优质品群"的都市型现代农业布局。在空间布局上，促进与北京"两轴—两带—多中心"城市空间规划及区域功能定位相协调。

一、农业发展的圈层布局（图 0-1）

1. 城市农业发展圈　城市农业发展圈由四个城区和部分近郊区组成，地理位置大致为五环路之内的中心区域，主要农用土地面积（耕地和园地，余同）35 千米^2 左右。农业发展方向是：退出食用农产品的生产，严禁畜牧养殖业，鼓励发展花卉、苗木、观赏鱼、水草等以美化城市环境为目的的种养业。重点发展以农业展示、交易、信息、服务等为主要内容的景观农业和会展农业。

2. 近郊农业发展圈　近郊农业发展圈的范围是五环路之外、六环路以内的城近郊区，主要农用土地面积 411 千米^2 左右。农

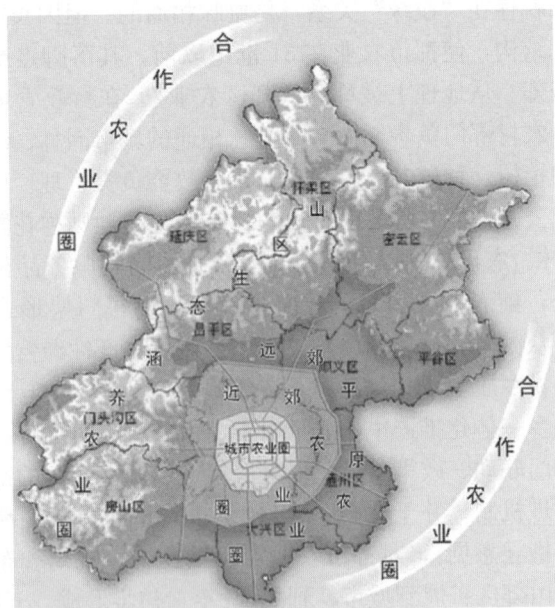

图 0-1　农业发展的圈层布局

业发展方向为：鼓励种植有较高生态环境价值的大田作物、花卉、种苗等，稳定现有水产养殖规模；减少地表封闭，逐步减少塑料大棚、日光温室，减少高水、高肥、高劳力投入的瓜菜种植；逐步退出畜禽规模养殖。重点发展露地绿化农业、休闲农业、园区农业和科普农业等，积极营造城市田园景观，使农业生产空间与城市周边居民区环境空间融为一体。

3. 远郊平原发展圈　远郊平原发展圈由远郊平原、山前地带和延庆盆地组成，主要农用土地面积 2 158 千米² 左右。本区域的农业发展方向是：大力发展设施农业；鼓励规模化、集约化、专业化优质种养业及农产品加工配送业和休闲观光农业。积极推进设施农业、籽种农业、工厂化农业生产、名特优新农产品基地建设。在环境容量允许限度内，农牧渔有机结合，积极推进循环农业、生态养殖业发展。

4. 山区生态涵养农业发展圈　山区生态涵养农业发展圈由北部郊区、西部和西南部山区组成，主要农用土地面积 998 千米^2 左右。本区域的农业发展方向为：大力发展蔬菜、杂粮、果品、中药材、畜禽、水产等特色种、养优势产业；加快发展农业观光休闲旅游和生态旅游。

5. 环京合作农业发展圈　借助环京周边地区自然资源和人力资源优势，本着优势互补、区域合作、互惠互利的原则，积极发展合作农业、订单农业、外向农业和服务农业。

二、都市型现代农业的功能开发

都市型现代农业的布局彻底打破了城乡分割的界面，形成了城乡一体化，并对农业的功能进行深度开发。

1. 开发生产功能，发展籽种农业、设施农业　北京地区种业基础雄厚，聚集着全国最具实力的科研教学机构，拥有涉农科研院所 24 家，种业研发机构 80 多家，涉农国家工程技术研究中心 10 多个，涉农重点实验室 41 个，专业育种人员 1 000 多人，农业科技人员近 2 万人。全国七成的种业科研力量集中在北京。有经营许可证的企业有 274 家。有北方最大的种业市场，并成为全国种子交易的一个重要的风向标。2012 年北京市种子销售额达 107.6 亿元，约占全国的 10%，农作物种子进出口总额占全国的 37%。

围绕着种业创新成果转化，全市 10 个郊区建成国家级、市级、区级、企业和科研机构，四级农作物新品种实验展示基地 20 个，总面积达 3 300 公顷；建成畜禽良种场 192 个，水产良种场 52 家，每年示范展示数千个国内外新品种。位于通州的国际种业科技园享受中关村"1＋6系列"先行先试政策，已吸引 50 余个国内外种业企业和科研院所入驻。到 2013 年，该园区聚集了种业高端科技人才 78 名，仅博士后就有 16 人。

据北京市统计局等单位 2006—2010 年的统计资料显示：2005 年种业收入为 59 370.9 万元，销往外埠的 26 704.8 万元，到 2010 年收入达 14 5734.1 万元，外销 80 536.7 万元。

"2014 年世界种子大会"于 5 月 26 日在北京召开，并集中展示来自 7 个国际企业、20 家国内企业和 4 所科研院所的 1 200 个新奇特作物品种。世界种子大会由国际种子联盟主办，这次是自 1924 年开始举办以来的第 75 届，是第一次在中国举办，可见北京种业在世界同行中的影响力之不可小视。

在畜禽养殖方面，良种也是本种业中的一大优势，2007 年畜禽良种年产值达 20 亿元，拥有全国唯一的蛋鸡、肉鸡、北京鸭原种场和全国最大的种公牛站，在全国畜禽良种市场上，祖代蛋种鸡占 20%，良种奶牛冷冻精液占 40%，祖代肉鸡占 50%，虹鳟鱼苗种占 40%，鲟鱼苗种占 50%。

设施农业是北京地区在有限的土地资源上充分开发的利用光、气、热、水及农业生物资源、科技资源，发展集约农业的有效途径。发展设施农业彻底改变了露地栽培的春种、夏收和秋种白菜萝卜不过冬，土地利用率和产出率低，光、气、水、热不能充分利用，农业不仅产出量低，花色品种少，而上市呈现淡（冬季）、旺季（夏）的局面。设施农业在人工控制下，在北纬 40°地区实现了一年四季生产和周年均衡上市，保证了市场上一年四季都能买到新鲜农产品，同时农民也获得了实惠。据资料显示，2010 年全市设施农业占耕地面积 18 323 公顷，总收入达到 407 236.5 万元。这是同等面积的露地生产所做不到的（图 0-2）。

2. 开发生态功能，发展循环农业 北京地区位于华北平原西北端，与黄土高原、蒙古高原相近。在气候上属于暖温带半湿润大陆性季风气候。冬季寒冷干燥，多风少雪，春季干旱多风。由于冬春干旱多风，西北部的沙尘黄土频繁袭京，夏季炎热多雨，闷热与雨涝扰乱人们的生产生活，影响着城市的宜居环境。随着城市人口膨胀，社会经济的快速发展，人们对环境友好，资

设施农业

设施农业占地面积

单位:公顷

单位:亿元

图 0-2 2006—2013 年设施农业占地面积及设施农业收入

源再利用的追求更加迫切。农业是可持续发展的基础产业,它既有生态修复的作用,又为资源循环利用提供可能。应坚持科学发展观,运用现代科学技术对农业进行科学设计;对生产投入进行科学组配、科学运营;对投入、产出进行科学运筹与科学处理,对产后农业废弃物资源科学处理与资源化再利用,科学运用"农林牧三者相互依赖,缺一不可",植(物)、动(物)、微(生物)三者联动(植物吸收水与二氧化碳在光能作用下合成有机物,动物把植物产品转化为动物性产品,如蛋、肉等,微生物将动植物废弃物分解成无机物或再转化为再生有机物,如食用菌等),产、加、销一条龙和贸工农一体化,发展循环农业和构建农业增值链。同时科学运用生态学原理科学耕作、科学用水、用肥、用药等,治理农业面源污染和裸露农田,因地制宜种树、种草并合理配置乔、灌、草的主次。"循环起来"成为北京市新农村建设中"十一五"期间"三起来"工程之一,以多种层次和形式推广应用。

　　循环产业的兴起与发展在京郊已出现一批层次不同的产业模式：坐落在延庆区的"德青源"利用农业饲料养鸡产蛋，鸡粪发酵制沼气，沼气燃烧发电并入电网形成能源，沼液浇菜，生产绿色蔬菜，沼渣施肥沃土。房山区南窑乡花港村在山顶上种植晚熟桃"九九桃王"，山腰上修梯田种药材（黄芩），山腰下利用废弃的水洞种蘑菇（6万棒），山洞沟里种板栗，在栗园里放养柴鸡，创造了"高山立体农业"，形成果、药、菌、禽叠嶂的生态农业，农林牧菇共生生态农业，实现了小流域治理与经济沟的开发。京郊1千米以上的沟2 300多条，3千米以上的沟域220余条。自2008年12月，北京市山区工作会议提出加快山区沟域经济发展的意见后，一些有潜力的沟域正在规划开发利用，已涌现出怀柔区雁栖湖镇的"不夜谷"，密云区的汤河沟域"紫海香堤""浪漫香花""山水长城"，延庆区千家店镇的"百里山水画廊"，房山区"十渡山水文化休闲走廊"，门头沟区妙峰山镇的"万亩玫瑰谷"等，保护性耕作及冷凉资源利用亦已取得明显成效。针对北京市处于多风扬尘的境遇，并能兼顾蓄水保墒，从2008年起，开始实行农田保护性耕作，每年实施面积约260万亩，既可节约生产成本，又可减少60%的土壤水分散失和80%的土壤流失，提高水分利用率达15%～17%，减少60%的田间扬沙，还可杜绝焚烧秸秆污染环境和增加土壤有机质，培肥地力。延庆及北部山区常年日温较关内平原地区低3～4℃，春夏季来临要比关内平原地区晚一个季节（半个月左右），延庆人民利用这种季节差发展起与平原地区错季的蔬菜和花卉，填补了平原地区八、九月蔬菜淡季上市的紧缺。如今的延庆已建成北京市的"北菜园"和四海花卉基地及球茎类花卉种球繁殖基地，植树、种花、种草，已实现城乡大地园林化。到2010年，全市森林覆盖率达37%，林木覆盖率达53%，城市绿化覆盖率为44.4%，人均绿地达49.5米^2，人均公园绿地达到15米^2，山区林木绿化率达到67.8%，生态环境指数达到65.9%。《2011年中国绿色发展指数报告》指出：省际排列中，北京以 0.77 的绿色发展指数继续位居全国第一。从城市到乡村已形成"绿不断线，景不断链，三季有花，四季无裸露"的"绿色北京"，广大乡村经过山水林田路绿化美化综合治理和生态涵养，呈现了绿染京郊，基本实现了农田"无裸露、无荒芜、无闲置"，绿化铸就了一批"村在林中，路在绿中，房在园中，人在景中"的生态新村，在优良生态、优美景观、优势产业下，生产出"生态、安全、优质、集约、高效"的优质农产品和农村、农业服务品，深受世人青睐。据北京市统计局等单位联合编写的《北京农村统计资料（2006—2010年暨"十一五"时期）》的资料显示，北京都市型现代农业生态价值在 2006 年为 721.44 亿元，贴值达 5 813.96 亿元，到 2010年上升为 3 066.36 亿元，而贴现值则达 8 753.63 亿元（图 0-3）。

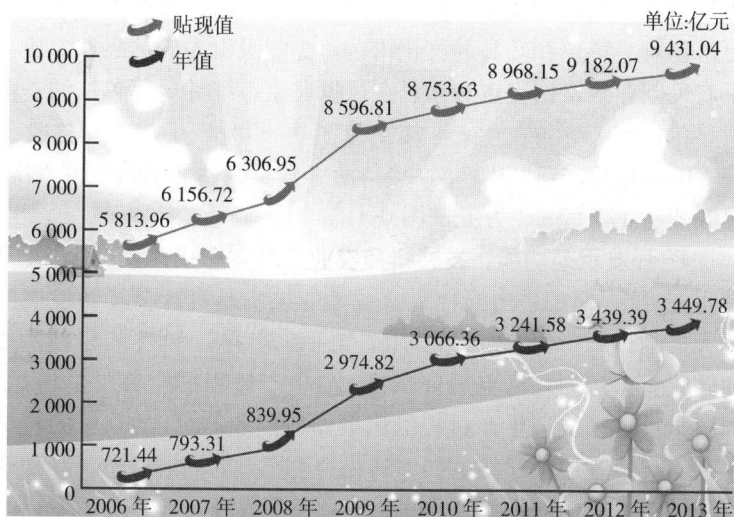

图 0-3　都市型现代农业生态服务价值

3. 开发生活功能，发展观光休闲农业　北京市观光休闲农业起步于 20 世纪 90 年代后期，其开山之作当是朝阳区朝来农艺园的创建（1996 年）与开张（1997 年），其他多为原来具有一定特色的果园、菜圃、鱼塘经过一番整装挂牌和对外开放，游客可进入观光、学技、采摘或从事农耕体验。随着社会的进步，经济的发展和收入的增加、生活的宽裕，人们越发不安于市井生活，而向往回归自然，返璞归真，每逢节假日纷纷走出市井上山下乡旅游观光，愉悦身心，采摘喜闻乐见菜品、水果或垂钓鱼虾，或品味农家宴，一天下来虽累尤乐。对于农民来说，创办观光服务，大大提高了农业的附加值。一般菜圃、果园都是由农民自采自售，一千克菜或果卖不了几个钱，还得贴上采摘工，而观光因果蔬由游客自由采摘售价要比一般农田种果蔬贵许多，还省了农民的采摘工。因此，观光休闲在京郊越办越好，文化品位不断创新，陆续推出创意农业园、景观农业园、智慧农业园、主题农业园等。应该说这些农业园的本质都属观光农业园，因为它们的功能仍是供人们观赏娱乐，但是它们确实是青出于蓝而胜于蓝，其更富创意、特色和较高的文化内涵，更能吸引人们的眼球，成为了农民创业致富的亮点和增长点。据北京市统计局等单位调查资料显示：2005 年观光农业共接待游客 892.5 万人次，总收入78 810.0万元，到 2010 年，接待游客数量则达 1 774.9 万人次，总收入达 177 958.4 万元（图 0-4）。

4. 开发示范功能，发展科技农业　马克思指出："科学技术是生产力"。邓小平由当代科学技术的进步及对社会经济发展的巨大推动作用指出："科学技术是第一生产力"。对于科学技术如何转化为生产力，马克思曾指出："生产过程成为科学的应用，而科学反过来成了生产过程的因素即所谓职能。"马克思的这一论断不仅解答了科学技术如何转化为生产力的问题，也清晰地解答了科技农业的问题。邓小平提出：发展农业，要一靠政策，二靠科学。靠科学就是用科学，物有用便可转化为力，不用则废或束之高阁。在实践中推进科学技术转化为现实生产力的做法有：①要信息灵通，及时把握新技术；②因地制宜有计划地进行技术的更新换代，推广应用新的先进、适用、高效技术；③对农民进

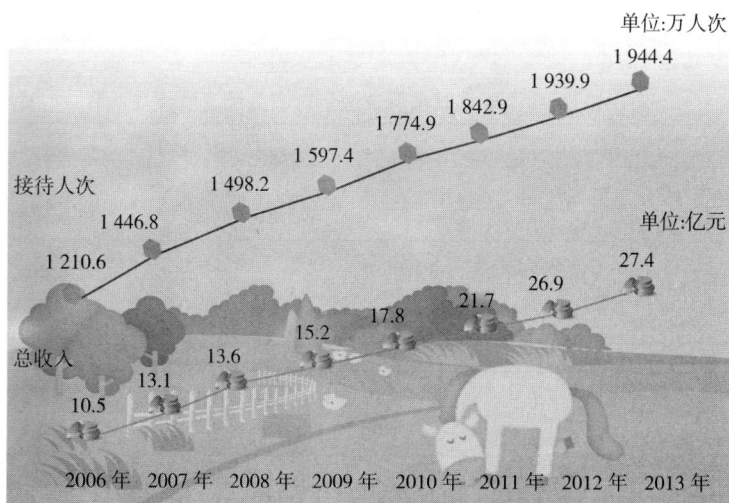

图 0-4　观光农业"十一五"资料

行实用性技术培训，提高农民的科学文化素质，培养有文化、懂技术、会经营的新型农民；④把科学实验活动做到农村去，吸收农民参与，让他们看得见、摸得着、学得会、得实效；⑤组织农民技术骨干、务农能手出国进修，开阔眼界，仅北京市农业技术推广站于 2011—2013 年就组织了上千人出国（欧美）进修；⑥奖励农技推广成果，激发推广人员的积极性。从 1990 年以来，北京市政府一直坚持对富有成效的推广技术成果进行评选奖励，加快了农业科研成果的推广转化，使新兴的高新技术进入农业生产过程，推进农业生产技术不断更新换代，发展起由高新技术支撑的创新型农业，诸如精准农业、种业、智慧农业、创意农业、奶牛超数排卵及胚胎移植与性别鉴定产业、循环农业、节水农业、植物工厂及工厂化农业、农业远程教育与科技服务业、农情遥感、遥控监测业、科技密集型集约农业等。据北京市农业工作委员会编撰的《北京市农村产业发展报告（2009）》记载，"十一五"期间（2008 年）科技进步对农业经济增长的贡献率达

76.17％，可见科学技术已转化为北京都市型现代农业发展中的"第一生产力"（表 0-1，表 0-2）。

表 0-1　新中国成立以来科技进步对农业经济增长贡献率

时期	"五五"	"六五"	"七五"	"八五"	"九五"	"十五"	"十一五"
科技进步贡献率	30％以上	42.2％	51.2％	54.7％	55.0％	70.3％	76.17％

注："五五"至"九五"资料是由北京市农村经济研究中心测算结果；"十五""十一五"资料见北京市农委有关统计结果。

表0-2　2007—2008年北京农业科技进步贡献率（按2006年不变价计算％）

年份	产值增长率	物质费用增长率	劳动力增长率	耕地面积增长率	科技进步率	科技进步贡献率
2007	13.4	5.98	−1.11	−0.17	9.57	71.92
2008	11.6	3.04	0.69	−0.22	10.46	83.95

注：按1990年不变价计算，2007、2008年科技进步贡献率分别为65.26％和76.17％。（《北京农村产业发展报告》，2009）

据中国科学院中国现代化研究中心评估，2010 年北京已实现第一次现代化，其现代化实现程度位列第一，并且开始挺进第二次现代化。其评估内容是：工业化、机械化、化学化、商业化、集约化、农业比例下降，其主要指标是：知识化、信息化、生态化、多样化、工厂化、国际化。

从 1994 年起，北京农业被表述为都市农业，到 2005 年又被表述为都市型现代农业，至今（2014 年）已历经 20 年的实践，凸显其与一般地区的农业在产业结构与布局上、生产水平与供给保障上、功能定位上、经营方式与扶植政策上等诸多方面的不同。一般地区的农业基本上是自然再生产与经济再生产的复合，生产者因地制宜，以粮为主多种经营，过去是这样，现在也是这样。那里的农民务农接受政府指导，但主要是自主经营，因为他们只参与一般的社会流通，而无特定的供给任务。而北京是国家的政治中心、文化中心和国际交流中心，拥有强大的国家机器和军事武装，集聚着各种工商业者和大量非农居民,驻扎着外国使者和国内外的游客。庞大的城市人口有赖于农业产品、服务品供给,其首要供给者当是北京农业。自古以来北京农业就承担着这种角色或使命——服务城市。俗话说"众口难调",为了城市居民的需要,首都农民在党和政府的领导下所从事的农业具有二重性,首先是"服务首都"。作为首都,是党、政军首脑机关所在地,他们运转着强大的国家机器,这里聚集着强大的建设首都走向国际化的工农商学兵队伍,这里居住着群星灿烂的文化大军,这里集纳着科技创新,人才培养的科技、教育的摇篮,这里集居着包容、厚德的 56 个民族,这里是国际交流中心,驻有大量的外国使节、专家、教授、商务组织及人员以及游客,还承担着对外"窗口"、对内"垂范"的使命等。马克思说:"人们为了能够创造历史,必须能够生活,首先就需要衣、食、住以及其他东西。因此,第一个历史活动就是生产满足这些需要的资料,即生产物质生活本身。"首都莫大的人口群——据媒体显示到 2013 年全市常住人口已达 2 200 多万,加上流动人口近 3 000 万人。在这庞大的人群中无论从供职地位、财富拥有、生活水平与习惯、购买能力、消费档次等方面都存在高、中、低之分,对市场供需状况反映极为敏感,对农产品质量与安全要求极为严格,农业的强势发展受到政府格外重视。因此,从大局着眼,北京农业的第一要务是"服务首都",满足人们需要的"衣、食、住"维护社会安定。其次,在服务首都的同时还要"富裕农民"。偌大的城市需要而且呈现多样性与品位层次,对于农业生产者来说,发挥智慧、创新业态、增加产量提高质量、发展生产力都是强大的拉动力,也是获取更高附加值的潜在空间。据资料显示,2011 年全市社会消费品零售总额跨上 6 000 亿元,达到 6 900 亿元,涉农产品消费额达到 1 000 亿元左右。农民在服务城市的同时还获得了来自城市的支援。自古以来,农田水利都由政府组织兴建,重大自然灾害(洪涝、蝗虫等)都由政府组织赈济。新中国成立以来,北京政府对京郊农业的关顾与投入更是无微不至,从智力、物力、财力,到优惠政策等诸多方面给予扶植。特别值得一提的是,2006 年市政府按照中央规定废除了执行了 2 600 多年的农业税制度，从 2006 年开始在国内率先对农业生态服务价值实行补偿，在推行城乡一体化中将全市基础性建设投资向农村的份额由过去的 20% 多提高到 50% 多，对山区农业由倡导"靠山吃山"转变为"养山富民"；政府融资为农业购买保险服务；财政投资扶植发展设施农业及农业公共服务品，如创办大型育苗工厂、大型农业类展示园、馆等；政府投资在郊区创建各类农业生产、科研示范基地；组织科技人员下乡入户下地，推进科技富民惠农；积极推进农村城镇化建设，使农民成为拥有集体资产的市民，让农村成为城市的社区；政府投资植树造林，实现城乡大地园林化，已使一大批农村"村在林中，路在绿中，房在园中，人在景中"，彻底改变了过去"风天漫黄沙，雨天粪水遍村流"的局面，而呈现"旧貌换新颜，以绿美村，以绿净村，以绿富村"的新革局，政府投入实现信息高速公路村村通，使每个行政村配备有大学生"村官"和全科农技员；政府投资扶植新农村建设，从 2006 年起实施"居室暖起来、路灯亮起来、废弃物资循环起来"，俗称"三起来"……正是都市农业给农民创造了多方面就业、多蹊径创业、多领域开发市场、多层次创收的机会，使农业在耕地、用水资源日益锐减的背景下持续发展。2012 年农民人均纯收入达 16 476 元，其增速从2009 年起到 2015 年连续 7 年快于城镇居民（表 0-3）。

表 0-3　1978—2012 年北京农业耕地面积及其他变化

项　目	年　份					
	1978	1995	2000	2005	2010	2012
耕地面积（万公顷）	41.735 2	39.94	32.92	23.34	18.777 1	22.085 6
农业用水（亿米^3）		18.77	16.49	13.22	11.38	
农民人均纯收入（元）	225.0	3 209.0	4 687.0	7 860.0	13 262.0	16 476.0
农村牧渔业总产值（亿元）	11.5	164.4	195.2	268.8	328.0	395.7

　　注：此表资料来源于北京市统计局等单位编定的"十五"和"十一五"时期的《北京农村统计资料》。

据北京市统计局调研分析，"十五"期间北京"三农"经历了三个转变：

①农业从传统的都市农业向都市型现代农业转变。农业从单一生产功能向生态功能和生活功能拓展；农业的开放度提高，形成城乡互动、产业融合的现代农业雏形；农业经营方式从单一的集体经营为主体转变为以农民为主体，农民的市场化、组织化程度明显提高，农业的产业化经营、规模化生产和区域化布局的生产经营格局基本形成，标准化基地建设进程加快，农业正向健康可持续方向发展。

②传统农民正在向新型农民转变。"十五"期末，农民受教育年限达到 10.26 年，万人中农业科技人员数为 5.6 人，农民信息化程度达到 77%。这三项都达到农村全面小康的预期目标。

③京郊农村正在从城乡分割向城乡融合转变。2005 年，农村城镇化综合指数达到 70.6%，农村全面小康社会综合实现程度从 2000 年的 57.75% 上升到 84.84%。城乡统筹协调机制已经建立，政府对 10 个远郊区与城 8 区的公共资金投入比例从 2003 年的 20%：80% 调整为 2005 年的 50%：50%，对农村的教育、卫生、文化等社会事业和基础设施资金投入与支持力度明显加大。

农村经济的发展实现度由 2000 年的 55.04% 提升到 96.44%，2005 年农民人均可支配收入超过全面小康 6 000 元的目标值，实现度从 2000 年的 61.2% 提高到 2005 年的 100%；反映农民生活质量的恩格尔系数从 36.7% 降低到 32.8%，反映城乡分配差别的基尼系数为 0.32，实现了预定目标。

"十一五"期间，全市按照"生态、安全、优质、集约、高效"的都市型现代农业发展方向，以服务城市、改善生态和增加农民收入为宗旨，农业的多功能性得到全面体现，农业综合生产能力、社会服务能力、生态保障能力均显著提高。

"十一五"期间农业的生产功能重点发展种业、设施农业。

到 2010 年种业收入由 2005 年的 59 370.9 万元增加到 145 734.1 万元，外销收入由 26 704.8 万元增加到 80 536.7 万元；设施农业收入由 2005 年的 18 6214.9 万元增加到 407 236.5 万元。

在开发生活功能方面，发展观光旅游、休闲农业。到 2010 年，观光农业收入由 2005 年的 78 810.0 万元增加到 177 958.4 万元；民俗旅游收入由 2005 年的 31 402.0 万元增加到 73 471.6 万元。

在开发生态功能方面，到 2010 年，都市型现代农业的生态服务贴现价值由 2006 年的 5 813.96 亿元增加到 8 753.63 亿元。

在开发示范功能方面，发展科技农业，尚未见有产业性收入资料，但见有科技进步对农业经济增长的贡献率——2008 年为 76.17%。以科学技术为第一生产力的科技农业有北京市农林科学院农业信息技术研究中心创建的精准农业、北京首农集团奶牛超数排卵与胚胎移植工程示范基地、北京市农业机械研究所的植物工厂、北京市水产研究所的冷水鱼种苗繁殖基地、北京市农业技术推广站"特莱大观园"的工厂化农业、华都集团现代化疫苗厂、北京市农林科学院智慧农业等。可以说这些产业园都是靠科学技术及其物化成果培育起来的科技农业。

依靠科技优势，保持生态和品质安全，农业产业布局和内部结构进一步优化，全市种养业结构由 2005 年的 43.2∶54.1 调整为 2010 年的 52.1∶46.1，形成了花卉、果品、生猪养殖、家禽养殖等农产品主产区；农业的规模化、市场化、组织化程度大大提高，2010 年，全市共有农民专业合作组织 4 461 个，加入合作组织的农民 21.3 万户。

产、加、销产业化增值链显著壮大，2010 年，全市规模以上从事农副食品加工业、食品制造业、饮料制造业的企业有 493 家，总产值达 630.1 亿元，比 2005 年增长了 66.5%。郊区以崭新的面貌吸引着广大城市居民到郊区观光、旅游、休闲采摘、垂钓，这已成为城市居民的新时尚；沟域经济成为都市农业生产旅游服务、生态治理等多产业融合、多功能并举的发展新模式。2010年，全市观光农业园为1 303个，比2005年增加291个；经营民俗旅游的农户达7 979户，比2005年增加711户；农业观光和民俗旅游农户的总收入分别为17.8亿元和7.3亿，分别比2005年同期增长1.26倍和1.34倍；接待人次分别为1 774.9万人和1 553.6万人，分别比2005年增长98.9％和105％。

都市型现代农业促进和加快了城市生态环境建设，进一步提升了"五河十路"，两道绿化隔离带、生态走廊、水源保护林、流域综合治理及山区造林绿化水平，全市林木绿化率达到52.6％，比2005年提高2.1个百分点。北京联合周边省市开展了京津风沙治理，累计造林501万亩，人工种草34万亩，建设水源和节水工程4 742处，小流域综合治理1 760千米^2。据测算，2009年北京市都市型现代农业生态服务价值达6 496.2亿元，比2006年增长11.7％。农村良好生态环境和优美的景观效果，吸引了大量城市居民和外来人口到农村居住，13个郊区常住人口占全市人口的比例达84.5％。

都市农业服务了城市，也富裕了农民（图0-5，图0-6）。

	农业	林业	牧业	渔业	服务业
2012年	1 662 890.9	548 252.5	1 541 607.2	129 778.2	74 600.0
2013年	1 704 065.2	758 857.3	1 547 519.2	127 809.5	79 576.7

图0-5　2015—2010年农村牧渔总产值及增加值

资料来源：北京市统计局等．北京农村统计资料．2013.

2010年，第一产业增加值124.4亿元，比2005年增长26.9％；农村经济总收入4 277.2亿元，比2005年增长47.3％；

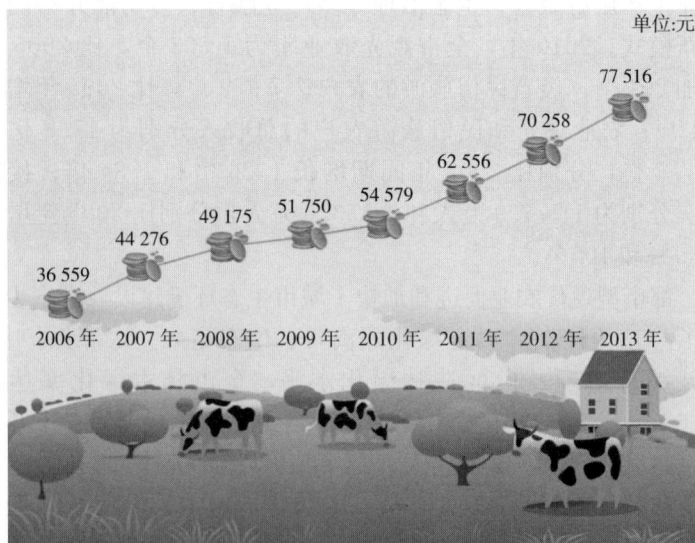

单位:元

图 0-6 平均每一从业人员创造农村牧渔产值

资料来源：北京市统计局等. 北京农村统计资料. 2013.

农民人均纯收入达 13 262 元，比 2005 年增长 68.7%，年均增长速度分别为 4.9%、8.1%和 11.0%。2010 年，郊区农民内部之间收入差距基尼系数由 2005 年的 0.322 1 下降到 0.304 5（表 0-4，表 0-5）。

表 0-4 2010 年京郊农民人均纯收入构成及增长情况

	农民人均纯收入 （元）	比上年增长 （%）	增收贡献率 （%）	收入构成 （%）
合计	13 262	10.6	100	100
工资性收入	8 007.0	10.1	57.4	60.4
家庭经营收入	1 857.0	8.0	10.7	14.0
财产性收入	1 590.0	13.4	14.7	12.0
转移性收入	1 808.0	13.7	17.2	13.6

资料来源：北京市统计局等《北京农村统计资料》（"十一五"时期）。

表 0-5 2006—2010 年农民纯收入增长情况

	2006	2007	2008	2009	2010
人均纯收入（元）	8 620.0	9 559.0	10 747.0	11 986	13 262.0
比上年名义增长（%）	9.7	10.9	12.4	11.5	10.6
比上年实际增长（%）	8.7	8.2	6.5	13.4	8.1

"十一五"期间，农民内部之间收入差距不断缩小。反映农民内部之间收入差距的基尼系数见表 0-6。

表 0-6 农民内部间高低收入户人均纯收入差距与基尼系数情况

	2005	2006	2007	2008	2009	2010
20%高收入户人均纯收入（元）	16 206	17 513	19 562	21 629	23 739	26 335
20%低收入户人均纯收入（元）	3 052	3 275	3 783	4 458	4 951	5 358
高低收入户收入差异比（倍）	5.31	5.35	5.17	4.85	4.79	4.92
基尼系数	0.322 1	0.321 6	0.319 2	0.309 0	0.303 1	0.304 5

据北京市统计局统计资料显示，城市发展新区农民增收最快。2010 年，新区农民人均收入达到 12 574 元，比 2005 年增长 69.4%；比城市功能拓展区和生态涵养发展区农民人均纯收入增速分别快 2.7%和 3.25%。但在农民人均纯收入的绝对值方面，新区没有城市功能拓展区农民人均纯收入高。

"十一五"期间，农村劳动创收水平连年增长。从 2006 年到 2010 年，平均每一就业劳动力创造纯收入达到 15 075 元，比 2005 年增收 4 580 元，平均每年增加 916 元，平均增长 7.5%（表 0-7）。

表 0-7 "十一五"时期平均每一个农村劳动力创造纯收入情况

	2005	2006	2007	2008	2009	2010
平均每劳动力创造纯收入（元）	10 495	11 044	11 769	12 701	13 614	15 075
比上年增长（%）	—	5.2	6.6	7.9	7.2	10.7

统计分析表明，农村劳动力创造纯收入的增长主要得益于就业结构的转型。据对 3000 户农民家庭劳动力就业抽样调查显示，到 2010 年，农村劳动力从事第一产业的人数比 2005 年下降 42.9%，从业于第二产业的人数比 2005 年增长 7.8%，从业于第三产业的人数比 2005 年增长 22.61%。农村劳动力从业于农业和非农业的比例由 2005 年的 32.3∶67.7 变为 2010 年的 18.6∶81.4。

农村经济社会全面发展，农村三次产业结构从"十一五"初的二、三、一调整到 2010 年三、二、一，产业结构比例由 2005 年的 31.8∶27.8∶40.4 调整到 2010 年的 17.3∶30.0∶52.7。

在城乡统筹中，农村生产、生活条件明显改善。出现了"村村通公路""村村通邮""村村通有线电视""村村通光纤网络""村村通农业远程教育与科技服务"。农村垃圾处理率和污水无害化处理率分别达到 95.6% 和 68.4%。农村社会文明、物质文明、生态文明在都市型现代农业建设中全面提升。

综上所述，当今北京都市型现代农业无论是其内涵还是外延都凸显国家首都和国际化大都市的农业特色与特质。

一是具有强烈的农村服务于城市的意识与责任。作为一个国家的首都，集聚着庞大的非农业人口，他们不仅需要吃的，而且要吃出花样来，其生活水平和需求比一般城市和乡村要高许多。他们要求供给的第一责任人自然就落到郊区农民的肩上。为了保证城市安定，政府站在全局的高度以政策导向来规范郊区农村服务城市。

——新中国成立后的 1953 年 4 月 25 日，中共北京市委就提出《关于解决北京市蔬菜供应问题的意见》："一、有计划地保留旧菜地和开辟新菜地。二、实行组织起来，提高与改进种菜技术，逐步加强蔬菜生产计划性。三、大力解决首都蔬菜的供销问题。"

——1959 年 2 月 3 日至 4 日，中共北京市委、市人委召开畜牧生产工作会议，首次明确提出"郊区生产为城市服务"的方针，要求"在大力发展蔬菜，搞好粮、棉、油料生产的同时，努力增加肉、蛋等的生产，把郊区农村建设成为首都服务的副食品生产基地。"同年 2 月 20 日，中共北京市委召开农业社会主义建设先进单位代表会议。会议要求"把郊区迅速建成首都的副食品生产基地"。一般地区或城市郊区农业直至今也未闻有提出这样的"服务"理念来。

——1959 年 6 月 30 日，北京市人委发出的《关于贯彻执行中央城市副食品手工业品生产会议精神的几个意见》中指出："第一，大力加强对副食品生产的领导，增加商品生产，支援城市。……发展养猪、养鸡等副业生产，以减轻市场压力。……"

——1960 年 10 月 12 日，中共北京市委提出《关于在近郊建立蔬菜、粮食高产区的规划（草案）》。计划把朝阳、丰台、海淀 3 个区和红星、沙河、良乡 3 个公社建成为蔬菜和粮食的高产区，巩固和提高现有商品蔬菜基地，……解决城市吃蔬菜问题，……

——1981 年 9 月 2 日，中共北京市委、市政府召开郊区多种经营会议，提出"服务首都，富裕农民，建设社会主义新农村"的指导方针，指出在抓紧粮食生产的同时，努力发展多种经营，并有计划地建设蔬菜、生猪、牛奶、禽蛋、鲜鱼、果品等各项生产基地。

——1982 年 3 月 9 日，中共北京市委、市政府发出《关于进一步改进首都蔬菜产销工作的决定》要求进一步贯彻执行近郊农业以菜为主的方针，继续坚持蔬菜"以本市生产为主，外地调剂为辅"和"近郊为主，远郊为辅"的原则，认真抓好规划，建设稳定的蔬菜生产基地。

——1983 年 3 月，北京市委常委王宪在《解放思想，加快改革，进一步开创郊区农业的新局面》的报告中提出"服务首都，富裕农民，建设社会主义现代化新农村"的郊区工作指导方针，修正了 1981 年提出的方针。

——1983 年 9 月，北京郊区结合"服务首都，富裕农民"和"增产、增收、增贡献"开展了第二次致富大讨论，旨在进一步调动人们"服务首都，富裕农民"的社会主义积极性。

——1985 年 2 月 25 日，市计委、市农办等单位下达《北京市淡水鱼生产发展规划》，要求国营、集体、个体一起上，发展商品鱼生产，在郊区建成渔业生产基地。

——1992 年 3 月，在结合学习邓小平南方重要讲话中再次修订上述方针为"服务首都，面向全国，走向世界，富裕农民，建设社会主义现代化新农村"。但每次修订，"服务首都"总是摆在第一位，所修订的只是扩大和提升了农业工作的视野和胸怀而已。

——在改革开放中，为完善蔬菜产销体制，针对首都人口不断增加，需求水平不断提升的新情况，1988 年 3 月 16 日，北京市政府提出"以需定产，产稍大于销；立足本市，稳定提高近郊、大力发展远郊、充分发挥外埠优势"。由此重新调整蔬菜生产布局与保障供给。

——1989 年 1 月 14 日至 16 日，中共北京市委、市政府召开全市农村工作会议，提出："完善适度规模经营，加快农业发展，增加有效供给，坚持服务首都"，并宣布了保证农业稳定协调发展的 10 项措施。

对于北京市城乡建设中农村服务城市的问题，党中央、国务院也有明确的指示。1983 年 7 月，中共中央、国务院对《北京城市建设总体规划方案》所做的重要批复中明确提出："北京的城市建设和各项事业的发展，都必须服从和充分体现这一城市性质的要求。要为党中央、国务院领导全国工作和开发国际交往，为全市人民的工作和生活，创造日益良好的条件""北京城乡经济的繁荣和发展，要服从和服务于北京作为全国的政治中心和文化中心的要求""农业的发展，应以面向首都市场，适应首都需要为基本方针。要促进农村多种经营和商品经济的迅速发展，努力把蔬菜、牛奶、禽蛋、肉食、水产、干鲜果品等生产搞上去，把郊区尽快建设成为首都服务的稳定的副食品基地"把北京建设成为清洁、优美、生态健全的文明城市"（摘引自北京市统计局，《欣欣向荣的北京》，北京出版社，1984）。这是北京农业服从于和服务于首都的最强音！

二是遵循天时、地利、人和的"三才"原则，因地制宜，实行区域化布局，规模（基地）化生产、产业化经营。城市消费不像农村按农时季节形成生活节律，即收什么吃什么是随季节而变化的。市民的生活习惯虽受到农时的影响，但更主要的是随欲而需，期望一年四季都能尝鲜。为了应对市民需要，京郊农民就利用京郊地形、地貌、人情风俗和气候条件的多样性，因地制宜进行农业的区域化布局，如今已形成了城市农业发展圈，主要发展会展农业、景观农业等，重点发展绿化农业、休闲农业、园区农业等；远郊平原农业发展圈，主要发展设施农业、籽种农业、加工农业、工厂化农业等；山区生态涵养农业发展圈，主要发展特色农业、生态农业和休闲农业等；在周边建立环京合作农业发展圈，生产弥补北京市难以满足的农产品。这种辐射状的农业圈结构布局，跨越着近郊、远郊、山区或平原山地及盆地，在气候上由温暖变寒冷，生育期由长变短。这种天时、地利、人和的多样化，便于人们在现代科技支撑下发展农业的多样性，再加之由单一的生产原始产品扩展到精选加工与营销，以适应现代都市人的生活需求。这样的农业布局就使市民从身边（城市农业）到山区可体验到不同环境下的农业文化，吃到不同境况下的农业产品，并且可享受一年四季不同的农业情结。这就是北京都市型现代农业独特的功能与魅力。

三是集约经营，标准化生产，品牌上市，给消费者以生态安全感。京郊农业依靠首都得天独厚的科技优势，推进农业生产力不断更新换代，并按标准化进行生产、培育农产品品牌。据北京市农委的《北京农村产业发展报告》记载和北京市农村经济研究中心的测算，北京农业经济增长依靠科技进步的贡献率已由"五五"不到30％，提高到2008年的76.17％。北京市技术质量监督局从1983年起到2009年在农业方面累计制定修订地方农业标准359项，建立标准化示范基地49个，市级农业标准示范基地1 020个。据2012年上半年全国农产品质量安全监测显示，北京市畜禽产品和水产品合格率为100％，蔬菜合格率为98％，在全国150个大中城市中处于领先水平，在四个直辖市中处于首位。据《北京日报》2013年1月28日讯：到2012年，全市规模化畜禽养殖场共2 176个，饲养、防疫、出栏全流程执行标准化生产，不仅生产能力有了提升，产品质量安全更有保障，蔬菜生产基地建设全面推进标准化生产。

品牌是质量的标定，是标准的符号，是安全的标志，是荣誉的阐述，是流通的诚信，是现代的表意。据北京市农委《北京乡村农业品牌集锦》介绍，到2008年"郊区涉农的注册商标约有4 500个，且年年都在增加"。为了方便市民检查询问，进入超市的品牌农产品可以通过追溯系统进行产地和质量标准追溯。

四是以无公害为底线面向城市多层次需求提供安全农产品。北京虽进入国际化大都市，但市场对农产品的质量安全消费水平仍是分层次的。从这一实际出发，京郊农产品生产分三品类（档次），即"绿色食品"——突出产于良好的生态环境，对环境保护的有利性和产品自身的无污染与安全性，分为A级和AA级。无公害农产品——产品生产过程中允许限量、限品种、限时间地使用人工合成的安全化学农药、兽药、渔药、肥料、饲料添加剂等，它保证人们对食品质量安全基本的需要。有机食品——是一种完全不用或基本不用人工合成的化肥、农药和饲料添加剂的生产体系生产出来的产品。这三种类型的农产品在京郊都有生产，以适应首都不同消费水平的居民需求。

五是继古开今，建设有首都特色的农产品基地。据北京大学学者研究认定，北京地区的原始农业是"中国北方农业的源头"。据考古史料显示，北京地区出土的有距今 2 500 万年的核桃孢子粉遗迹，有 50 万年以前的栗子遗迹（周口店猿人洞），有 6 500 年以前的栗、黍、豆的遗迹（上宅遗址），有遗存至今的活化石水杉、银杏、多鳞铲颌鱼，有从西周起种植的水稻史（房山长沟地区），有最晚起于东汉时的种麦史（顺义），有起于五代时引进西瓜的种植史，有至迟于春秋战国引进蔬菜的种植史；有从汉代引进石榴、黄瓜、大蒜的种植史，有从宋元时引进胡萝卜的种植史，有明清时引进玉米、甘薯的种植史，引进黑白花奶牛及大白、长白、杜洛克等优良种猪，引进品种优良的苹果、桃等。聪慧的北京人在漫长的农业生产中培育了许多名特农产品，仅据媒体报道，仅从东汉以后陆续作为贡品的至清末有 60 多种，并一直传承至今，其中有的传承上千年，有的几百年，短的也有百年以上。如今深受市民喜闻乐见的有大兴区安定镇的"桑葚"、庞各庄镇梨花村的"金把黄梨"、密云区的"黄土坎鸭梨"、房山区长沟镇的"御塘米"、张坊镇的"磨盘柿"、门头沟区军庄镇的"京白梨"、海淀区的"京西稻"，以及"北京鸭""北京油鸡"等，历史上它们都曾是皇宫喜食的贡品。从 20 世纪 80 年代初开始引进的国内外名特优新果树、花卉、蔬菜、畜禽、鱼类等方面的优良品种，使京郊的副食品生产基地成为世界园艺园，首都市民既可吃到本市有历史传承的动植物优良农产品，又可足不出市欣赏、品尝国内外的名特产品。

北京都市型现代农业的特色与特质是由首都的性质所决定的。前面已讲到北京的"都市农业"概念是引进的，但引进后不是单纯地抄概念，朝阳区率先于 1994 年即行实践，并纳入本区农业发展规划，且参照引进的模式创建了"朝来农艺园"，该农艺园集生产、观光科普于一体，陆续建立起金盏乡的郁金香花大观园、蟹岛生态农场、水产科技园、莱太花卉市场、国家级农业展览馆、中国农史博物馆等，使全区传统农业转变为以景观农业、会展农业、观光农业为主的都市型现代农业，成为市民就近尝鲜、休闲、观光、体验农耕文化、愉悦身心的乐园，使农民在服务市民的同时，也富裕了自己。这在学界引起了热烈的反响，"都市农业论坛""都市农业讨论会"等波及全国 270 多个城市，其中不乏地市政府所在城市，这些城市坐落在中国农业的"汪洋大海"之中，它们的城郊农业功能仍是广谱性的"发展生产，保障供给"，绝无农村单向服务城市的理念，都市应当是在国家战略层面上具有特定功能，发挥着特定引领作用的大城市或特大城市，如北京、上海、天津等。北京是国家的政治中心、文化中心和国际文化交往中心，是国家首都，城市生活安定事关全局。因此党中央和国务院明确指出北京要做好"四个服务"，其中就包括农业。北京人从新中国成立后的 1953 年就提出"关于解决北京市蔬菜供应问题的意见"，1959 年明确提出"郊区生产为城市服务"的方针，并由此提出"把郊区农村建设成为首都服务的副食品生产基地。"到 1981 年又提出"服务首都，富裕农民，建设社会主义新农村"。"服务首都"贯彻在北京农业发展过程中，并且不是简单的"发展生产保障供给"。在农产品供应短缺时期，从中央到地方都千方百计地解决市民买菜难、吃蛋难、订奶难、吃鱼难、买瘦肉难的问题，以近郊向远郊扩大蔬菜生产基地，从国外引进优良种猪、种鸡、种牛和工厂化饲养技术，建起集约型大猪场、大鸡场及种牛场，之后又相继建立 12 万亩鱼池，发展淡水养殖业，在计划经济体制下，实现了菜、奶、肉、蛋、鱼的基本自给，使首都市场的上述"五难"以此消失。在那农产品短缺的年代里，京郊农民养猪、养鸡自己不吃而服务首都市民，进入"小康"社会市民开始讲究生态宜居，追求回归自然返璞归真的现代生活境遇，北京市根据中央的要求在封山育林，建设绿色生态屏障的基础上，在农田中实现林网化。从 2012 年起又审时度势决定在平原植树造林 100 万亩，到 2014 年上半年已完成 94万亩。为了营造城市宜居环境，郊区六环路以内农民已退出养殖业。这种刚性服务可以说是一般城市甚至某些省会城市所不具备的。

到 2005 年，北京市提出"发展都市型现代农业"的重大决策。直观理解其内涵和外延都比"都市农业"更加开拓、深沉，更具时代感——博大精深，更具创造性和有所作为！细思量凸显北京农业的品牌意识。

首都在一个国家只有一个，当代中国的首都就是北京。首都北京的农业有着适应首都城市性质定位约定的特色和特质，为避开泛都市农业，决策者在农业前置词中加入了"型"字与都市相连构成"都市型"就成了北京各业专属品牌。北京成为中华国都已有近千年的历史，郊区的农业虽没彰显"都市农业"称谓，但仍具有一定都市农业的特征，但就发展阶段来说仍属传统农业。进入 21 世纪，世界农业已进入以信息技术、生物技术为支柱产业的时代。北京市因势利导提出发展"都市型现代农业"，而且将其内质发展定位于"生态、安全、优质、集约、高效"，这 10 个字蕴含着北京农业要与时俱进服务首都，要不断创新，推动农业可持续发展，要以优良的产品安全的品质服务市民，要开拓增值空间致富农民，要以先进技术引领农业，使其成为对外"窗口"。

以上对浮出水面的北京都市农业和都市型现代农业做了简明研习，清晰了都市郊区农业以及都市型城乡联动的现代农业的独特的功能与风貌。那么，北京的都市农业是否存在潜在的演化过程呢？据考证，回答是肯定的！

人类观察研究实践表明，世上一切事物从无到有、由隐到显、由小到大总是经历一番演化的历史过程。北京城从远古村落演化为周朝方国燕国都会，到战国时期为燕国都会蓟城，从秦汉到隋唐宋时的北方军事重镇；从金、元、明、清直至中华人民共和国的首都。据北京大学教授侯仁之等诸多学者研究认定，古燕都建于公元前 1046 年，距今（2014 年）已历经 3 060 年。而另有学者韩光辉先生在《从幽燕都会到中华国都》（商务印书馆，

2011）一书中写道："如果考虑到商代至少是商代中期以蓟为都的事实，北京的历史大约有 3 500 年"。其理由是"在奴隶制时代，蓟已具备了城市的功能"。国内外的实践表明，城市的性质决定着城郊农村农业的功能，城市的演进引导着城郊农业的发展走向。

第一章　北京城市性质的演进

余钊先生在其所著的《北京旧事》中写道："最初的城市，都是从农业文明的土壤中萌发出来的。城市本身仿佛是一个扩大了的乡村。然而实际上，城市的出现孕育着一种新的文明。大量的市民聚居在城市里，带来了交往、对话的便利；商业的兴起，推动了经济的发展；对话的频繁，促进了文化的发展。""城市的规模越来越大，聚集的人口和物质财富越来越多，经济活动、信息交流、人际交往也越来越频繁，使得这些城市成为某一地区政治经济和文化的中心。"余先生这段论述，一语点清了城市的发端与性质的演进。今日的北京城正是由远古时农业文明土壤中萌发出来，并不断演进发展而形成的，直到 21 世纪初期还融合有"城中村"，只是在推进城乡一体化中按照城市社区的格局对其进行改造，但能保留有一定的乡土风貌。

一、城市的发端与演进

前面讲到城市"仿佛是一个扩大了的乡村"。一语道出城市发端于乡村，是"从农业文明的土壤中萌发出来的"。今日北京市的发端轨迹正是这样。

"北京人"演进的居落是从洞穴集群制到村落集居。

尹钧科先生在《北京郊区村落发展史》（北京大学出版社，2001）中写道："自远古上下至公元前 221 年秦始皇统一中国这一段，历史学家称为'先秦时期'。北京郊区村落就起源于这一漫长历史时期，并经历了早期发展的阶段。"

　　大约距今 70 万年至 50 万年的"北京人"以及"新洞人""山顶洞人"相继居住在房山区周口店龙骨山不同层次的洞穴中，以洞穴为家。但据考证，"山顶洞人"所居洞穴由洞口、上室、下室、下窨四个部分构成。洞口高约 4 米，宽约 5 米，大部分都有堆积物，是进出的通道。上室，在洞口以内的洞穴东半部，东西长约 14 米，南北宽约 8 米。这里是人们的宿舍和厨房。古人类学家贾兰坡先生认为从"山顶洞人"居住洞穴的空间结构及职能区分中，人们似乎依稀看到了人类原始聚落的曙光。

　　距今大约一万年至四五千年期间，北京地区处于新石器时代。当时人们以血缘为纽带结成原始公社，并离开岩洞故居，开始在谷底间的黄土台上开辟新的劳动与生活区域，建立起原始村落。在北京地区已出土最具代表性的遗址是平谷区北念头，这里出土了十座半地穴式的房地，距今 6 500～6 000 年。在昌平灵山二期文化遗址中也发现了三座半地穴式房址，是距今 4 000 多年的属新石器晚期的原始聚落。据已出土的遗迹考证，学者们认为，作为蓟城前身的原始聚落至迟应产生于 6 000 年以前。L. H. 摩尔根在《古代社会》中写道：人类"村居生活的开始……出现在制陶术以前。"也就是伴随着农业生产的出现和农耕生活的开始而普遍建造的原始村落。

　　在原始的村落时代，由于农业生产力极低，实行集体劳动，共享劳动成果，过着原始公社制集体生活，人群之间没有谁养谁的问题和社会分工。

　　到了五帝时期，相传，当时黄帝曾率本部落和炎帝部落在涿鹿（今北京附近）打败了九黎部落，杀死了他们的酋长蚩尤，建立了部邑，亦为古代都邑。蓟曾是古代现北京境内的原始村落，到了帝尧时期在此建立幽都，从西周到春秋时代，一直被称作"蓟"。约公元前 11 世纪，周武王灭掉了商朝之后，封帝尧的后代于蓟，封周宗室召公于北燕，这时北京地区开始出现城池。蓟即今北京城最早的前身，故址在广安门一带，燕在房山区琉璃河北董家林村附近。据史料显示，西周初年的蓟和燕已不是村落，而分别是蓟和燕两个诸侯国的都城。后来燕强并吞了蓟，并以蓟为中心建立自己的国家，即燕国，成为战国时期的七国之一，蓟便成为燕国的都城。

在秦汉、魏晋、隋唐及宋时北京为北方军事重镇，大军压阵抵御外患，时称幽州。辽改幽州为南京，又称燕京，作为陪都。金将南京命为中都，是为国家首都的开始。元代将中都改为大都，并大兴土木，扩大城市建设。意大利人马可·波罗在他著作的游记中称大都为"汗八里"明初将大都改称北平府，明永乐年间，明成祖朱棣迁都北平府后，将其改称北京，这是今日北京的正式命名。清朝一直沿用北京作为都市之名。1928年阎锡山接管北京事务后改北京为北平；1937年，日伪政府又将北平改回北京。1945年，日寇投降后，北京又被改为北平。1949年中国人民政治协商会议决议新中国定都北平，即日起改北平为北京，由此北京成为中华人民共和国首都。

从上列追溯中，人们可以清晰看出今日的北京是由远古时期一个居于蓟的村落演进、发育而来的，在演进发育中其性质及功能不断攀升——即由群居村落（黄帝部落最初的主要活动中心区域在蓟）→方国都城→燕国都会→秦汉直至宋朝的北方军事重镇→辽陪都→金国都→元、明、清及中华人民共和国的首都——中国的政治中心、文化中心和国际交往中心。

今日的北京由远古的村落"蓟"演进发育而成。"自古建都之地"是"上得天时，下得地势，中得人心，未有过此者也"。自古以来，北京的地理优势非常优越，西部是太行山脉，西北是燕山山脉，东北有山海关，这些山脉大多在千米以上。东有渤海，南有黄河，中间是华北平原。从西北向东南入海有300万年的母亲河——永定河，滋养着京华大地，形成了"背有靠山屏障，前有水系明堂"的最佳地理格局。自古就有人说："幽州之地，左环沧海，右拥太行，北枕居庸，南襟河济，诚天府之国"。

此格局，真是"集山脉之险峻，河流之幽静，平原之肥沃于一身""正是绝佳的'藏风聚气'之地"。而且军事上有利于防守，交通也比较发达，又是"北京人"的发祥之地。他们的后生们敏于创新，善于变革，创造了富有北京特色的历史文化与文明。就农业文明来说，这里创造了"中国北方农业源头"，在其发展中涵养了来自中原的"仰韶文化"、东北的"红山文化"、西北的"游牧文化"，形成内涵丰富多彩的多元文化与文明磅礴于京华大地，走向智慧的今天与明天。

二、城市与农村相互关系的演变

古时北京的称谓尽管多变，但从辽代之前一直是国家层面上的地域性政治要域：是 5 000 年前"黄帝邑于涿鹿"的活动中心（王东、王放，《北京魅力》，北京大学出版社，2008），是古燕国都城，是秦汉至宋朝北方军事重镇，是辽的陪都，从金以来是六朝国家首都，是全国的政治中心、文化中心、国际交往中心。余钊先生在《北京旧事》（学苑出版社，2005）中写道："老北京……是中国古代的政治中心，商业堪称发达。商人的地位却很低，文化也算繁荣，文人却大多做着'学而优则仕'的美梦。老北京人里最有权势者自然是深居紫禁城（皇宫）的皇帝以及那些皇亲国戚，其次是各级官僚。京城平民中有许多人其实也是直接或间接地吃官饭的。士兵、警察、衙役、师父自不用说，商人、手工业工人也把为皇上服务、为大官们服务作为谋生、挣钱的首要目标。就连那些闯江湖、跑码头的艺人，进了北京以后，也明白了'无君子不养艺人'的道理。于是乎，北京城里弥漫着一股浓得化不开的官气。""直到二十世纪过去了接近一半的时候，北京的工业仍然微弱得很，聊胜于无而已。……老北京是一座典型的消耗型城市，北京城里的大部分人或者直接或者间接地靠国家的税收过日子"。可以说在我国 2 300 多年的封建社会制度下，国民经济以农为主（占 80%以上），那么富有官气的北京城其消费来源主要是农村、农业——赋税、苛捐、劳役及其农产品的供给，手段就是剥削与掠夺。在漫长的封建社会制度下，京郊农民也和一般地区的农民一样疲于求得温饱而辛勤从事自给自足的自然经济，而其间他们只拥有全部土地的 20%左右，大部分自耕农靠租地主土地耕种，地租高达产出的一半或更多。那时大量的城市人口不仅需要农业供给吃的——粮食、蔬菜、鸡、鱼、肉、蛋、果等，还需要供给观赏的花、鸟、鱼、虫等宠物，这些农产品主要靠京郊农民供给。尽管那时从国家到地方政府没有提出农村或农业服务城市的理念，但客观存在约定俗成的服务制度。如从汉代起，在农民不得温饱的时代里，各朝政府在郊区一是倡导种植小麦和水稻，农民吃不起而供给城市；二是发展园圃，种果种菜。为了保障城市，特别是官府冬季吃上新鲜蔬菜，京郊还发展了温室栽培黄瓜等瓜果类蔬菜，以及冬藏蔬菜。在汉代启蒙读物《急就章》里有"园采果蓏助米粮"，以及"老菁蘘荷花冬日藏"之说。老菁指"芜菁"，"蘘荷"指姜科姜属蔬菜。1956 年，在永定河引水工程中发展汉代陶井 150 余座。1965 年在宣武门、和平门、广安门、琉璃厂、校场口、陶然亭、牛街等又发现出于汉代的 50 多座陶井。专家们分析认为，这些井既有供城市饮用水的，也有用于灌溉园圃的，单给人们饮水用不必那么密集地凿。其实京郊种菜比这还早，张平真先生在《北京地区蔬菜行业发展史》中（中国农业出版社，2013）写道："在春秋战国时期，……燕蓟地区和齐国乃至其他中原地区，至少经历过两次较大规模蔬菜种质资源的交流活动。"远古时期燕蓟地区被人们认可的只有两种野生蔬菜，即蓟菜和薇菜。蓟菜可食，唐代学者陈藏器（681—757）在《本草拾遗》中明确指出："蓟门以多蓟得名。"其中"蓟门"即指蓟城。明代万历年间（1573—1620）蒋一葵在《长安客话·皇都杂记·古蓟门》中亦指出："京师（指北京）古蓟地，以'蓟草'多得名。"薇菜是一种豆科野豌豆属的野生蔬菜，直到清代北京地区仍把它作为一种蔬菜食用。但是在春秋战国时期，人们不只采食野菜还开始栽培蔬菜作为家庭副业进城销售换点零花钱。据史料显示这时期北京种植的蔬菜种类已达 24种。之后随着社会经济的发展和城市的扩大与地位的提升，城近郊区蔬菜生产规模不断扩大，品种增多，成为城市蔬菜消费的供给源。三是发展果品生产。在郊区考古发掘中已发现枣、栗、核桃、榛等果树或果实遗迹，它们的实生种质一直传承至今仍不失其名特果品。《战国策·燕策》就称燕国"南有碣石雁门之饶，北有枣栗之利，民虽不田作而枣栗之实足食于民矣，此谓天府也。"毛诗《诗草木鸟兽虫鱼疏》中写道："五方皆有栗，惟渔阳、范阳栗甜美味长，他方者悉不及也"，有许多北京产的名、特、优稻米、蔬菜、果品、禽类、花卉、鱼虫等成为封建王朝皇宫贡品及其生产基地。仅被现代报刊披露的北京地区历史上出产的果品被皇宫认定为贡品的就几十种之多，如板栗早在唐朝就成为敬皇上的贡品。四是发展畜牧业。马是古代军事上冲锋陷阵争取速度的重要动力，更是优势方便的交通工具及畜力；牛是农家宝，种地不可少，牛、羊又是北方人喜食的肉类。因此，北京地区自古饲养"六畜"（马、牛、羊、鸡、犬、豕）兴旺。《周礼·职方氏》云："幽州，……其畜曰四扰"，汉郑玄注："四扰，马、牛、羊、豕"。直至元明清时期"六畜"中的"四扰——马、牛、羊、豕"及鸡仍在发展，只犬已演变为市人的宠物，其有名的是"京巴"狗。当今的北京养殖业"六畜"亦存，其中牛、羊、鸡、豕的养殖更加发达，主要是满足城乡居民对肉、蛋、奶的需求，犬作为宠物也形成一定规模的市场供市人选择。马因现代交通、运输工具（汽车、轮船等）的兴起，已退出交通和役耕，因用场不大而萎缩，但苗头显示如今赛马在发展，京郊已建有养马与赛马场。鱼在古代主要靠人们到河湖、沟渠中捕捞供市人消费。直到 20 世纪 80 年代，北京市人民政府下定决心建池养殖。1984—1995 年建成 10 万亩商品鱼基地，使淡水鱼总产量连续 12 年以平均 5 000 吨的幅度递增，到 1995 年，全市淡水鱼总产量 80 501 吨，上市商品量达 66 176 吨，占北京市内销售量的 37％，解决了历史遗留的"吃鱼难"的问题。用于观赏的金鱼则兴起于金，金中都在崇文门地区建立了金鱼池，元代在大都太液池又增养金鱼，明代为金鱼养殖盛期，一直延续至今并发扬光大，由明时一百多个养鱼池发展到一万多亩池塘，由只服务皇家、市民到面向世界出口创汇。

　　在旧社会，居住在北京城的皇家贵族及官僚公子王孙们还兴好玩虫，比较兴盛的时期是清代时期，兴时的玩虫主要是蝈蝈和蛐蛐。城市有需求农村就有人操之为"副业"。人们玩蝈蝈是听其清脆的"叫"以取悦，养蛐蛐是观其"斗"而取乐。这两种虫多来自京郊野生资源。蝈蝈产于山区草丛中，每到天高气爽的秋天乡下人（当然也有城里人）便上山捕捉，有的装入用葫芦制作的罐中，有的装入用高粱秆薄皮编的小笼子里挑到京城赶市或串巷叫卖。久而久之，捕虫者和玩虫者从不同来路的虫中比较出佼佼者的产地。明清年间产于密云县东邵渠镇东葫芦峪村带有"密玩"字样的蝈蝈是皇宫大臣们所喜爱的宠物，因其特点"蓝脑门儿、粉肚皮儿、黑上背儿、膀大翅长、叫声亮、寿命长"而享誉京城，被皇帝封赐为"京东铁蝈蝈"，曾为大内宠物，极品鸣虫，产地一度为高度保密，只有京城"御用蝈蝈师"南城寇家专门负责来村采购。到民国年间，村民们每年 6～7 月间挑担步行到北京官园、龙潭湖一带售卖，一声"葫芦峪铁蝈蝈"便被抢购一空，素有"葫芦峪铁蝈蝈一声叫，万千蝈蝈哑谜无声"之誉。直至现在，该村每年蝈蝈收入可达 20 万元，每户一个月的收入高者达 2 万多元。以产于本村前石门山的最佳，品相好的一对值 50 元。

　　蛐蛐虽到处都有自然生殖，但能被玩者看好的不多。余钊在《北京旧事》中介绍道："北京城西北的山区出产的蟋蟀（蛐蛐）品种比较优良，西山一带的寿安山、黑龙潭一带都出产佳种。十三陵地区出产的蟋蟀品质更佳。"清·于敏中等在《日下旧闻考》中引刘侗等《帝京景物略》有关记载道："永定门外五里[①]，胡家村产促织（蟋蟀），善斗，胜他产。"且"蟋蟀另种三：肥大色泽如油曰油葫芦，首大者曰梆子头，锐啄者曰老米嘴。"《尔雅·翼》曰："蟋蟀生野中，好吟于土石砖瓦间，斗则矜鸣，其声如织，故幽叫谓之促织也。"《促织经》曰："虫生于草土者，身软；砖石者，体刚；浅草脊土者，性和；砖石、深坑及地阳向者，性劣若是者穴辨。凡促织，青为上，黄次之，赤次之，黑又次之，白为下，号红麻头、白麻头、青项金翅、金丝额上也。黄麻头，次之。紫金、黑色又次之也。首项肥，腿胫长，背身阔，上也。"

清代养鸽业相当兴盛。当年张万钟所著《鸽经》被认为是世界上最早的一部关于鸽品种的专著，其中收录有鸽子品种42个。那么当时北京地区鸽子有多少品种呢？清末光绪年间富察敦崇著《燕京岁时记》中，记载当时京师鸽子品种达39种。寻常者有点子、王翅、凤头白、两头乌、小灰、皂儿、紫酱、雪花、银尾子、四块玉、喜鹊花、跟头花、脖子、道士帽、鸠背、倒插儿等名品。珍贵者有短嘴、白鹭鸶、白乌牛、铁牛、青毛、鹤秀、蟾眼灰、七星、铜背、麻背、银楞、麒麟、斑骊、云盘、鹦嘴、白鹦嘴点子、紫鸠、紫点子、紫玉翅、乌头、铁翅、玉环等名色。那时北京城的隆福寺、白塔寺、护国寺、花市等地的庙会都有鸽子市，北新桥东宝公寺门前设有专门的鸽子集市。养鸽子有两种情况：一是用于放信鸽比赛，属于玩鸽子；二是用作餐食。城乡经营宠物虽不成大器，但是城市玩家喜好，有需就有供，供者有利可图，这也是大城市农村特有的一业。

1. 城市需要农村　市民依农为生，这是城市依赖农村、农业最基本的关系，而城市需要农村、农业远不只这一方面，城市

---

① 里为非法定计量单位，1里＝0.5千米。——编者注

建设中的许多用工是由农村提供，有些工业原料需要农业提供，如丝棉织造业、皮草加工业、食品加工业等。驻军役马的草料由农村供给，元代在大部分郊区分摊农户，为政府、军队代养马匹，其时大都路养马10万匹，平均2～3户就养马一匹。明代政府由于边防需要，规定北京地区的田地一半用于农田，应差征粮，一半为牧地，免租养马。据明万历《顺天府志》记载，明代北京地区各县按丁口为政府饲养马匹，数量是相当大的。大兴县养马365匹，昌平县651匹，平谷县749匹，宛平县916匹，怀柔县1 109匹，密云县1 710匹，顺义县1 923匹，房山县1 219匹，良乡县1 486匹，通州（包括潞县）2 538匹。当年，北京城九门之外共设大小牧马草场57处，由政府直接征民牧养马匹。东直门外郑村坝（今东坝）一带为御马苑，专门收养御马，"大小二十六所，相距各三四里，皆缭以周垣，垣中有厩，垣外地甚平旷，自春至秋，百草繁茂，群马畜牧其间。"（见《大明——统志》卷1）明永乐年（1403—1425），上林苑在顺义县衙门村设良牧署，四周大片土地皆为牧场，相传牧场内共有36圈。至今仍有马圈、驴圈等村名。

到了清代，京畿地区85％的耕地为清廷和八旗所有。他们在京郊设立皇庄、王庄、旗皇庄、王庄内设有粮庄、果园、菜圃，北京地区的农业几乎成了皇廷、权贵的产业。

2. 农村也需要城市　以上讲的是城市有赖于农村、农业方面的需求关系，唯物主义认为事物间的关系总是互相依托的，事实上农村、农民也离不开城市。有学者称"城市的出现孕育着一种新的文明。大量市民聚居在城市里，带来了交往、对话的便利；商业的兴起，推动了经济的发展；对话的频繁，促进了文化的发展。"城乡"交往是引起现代化的关键因素。"因此，将城市的出现与发展称之为"革命"实不为过。

京郊的农民长期以来既服务了城市（如上列事实），也得益于城市。

（1）庞大的城市消费需求（如上述各例）以无形的力量驱动着政府扶农，也诱惑着农民驱力务农　在封建社会制度下，农民虽说从事自给自足的小农经济，但也要购置生产工具，也要交际，这些都需要钱。于是他们便守着京城出售自己的产品——粮食，更多的是经济作物或畜禽产品。俗话说"守着城市来钱快"，就是这个道理。自古以来，京郊农林牧副渔五业全面发展，马牛羊鸡犬豕六畜兴旺，这其中有京郊农民的智慧，更在于城市需求多样化的拉动。

（2）城市多元文化的牵动，从业、创业思想比较开放　一般地区的农民传统观念比较强，存在着"不懂科学也种田"的现象，不思进取的守旧思想比较浓。而京郊农民受城市文化熏陶，接受新事物、使用新技术比较快，能使郊区的农业与时俱进地适应城市需要而尽自己的责、赚自己的钱。据史料显示，北京地区从燕国起就开始园林式种植枣栗。司马迁在《史记·货殖列传》即记载有："燕秦千树栗，……此其人皆与千户侯等。"到辽在南京（即今北京）大力发展栗园生产，并设立栗园司专门管栗园生产。由此，栗园生产在京郊一直延续至今。如今怀柔区九渡河镇还保有明代栗园及栗树 10 万多株，栗园种植实际上是一种人工规模经营，这样才能充裕市场，经营者才可能"其富可敌千户侯"。

①糖炒栗子（图 1-1）。京郊农业文化中有许多是受京城文化影响而形成的，诸如栗文化中的糖炒栗子，据《析津日记》记载出于京城，"今燕京市肆，及秋则以锡（即汤）拌杂石子爆之。"到了清代，北京糖炒栗子工艺已炉火纯青。清代人郭兰皋在《日西书堂笔录》中说："及来京师，见京肆门外置柴锅，一人向火，一人高坐机子上，操长柄铁勺频搅之，令均偏。"另外还有八字要诀："和以饴糖，借以粗砂。"这样即可达到"中实充满，……壳极柔脆，手微剥之，壳肉易离而皮膜不粘"的效果。清代皇帝乾隆还专为糖炒栗子吟了一首《食栗诗》曰："小熟大

者生，大熟小者焦。大小得均熟，所恃火候调。堆盘陈玉几，献岁同春椒。何须学高士，围炉芋魁烧。"诗吟出了糖炒栗子的经验与诀窍。

糖炒栗子问世不久及传遍北京城乡，成为北京地区大小市面上的特色栗食文化产品。

图 1-1 糖炒栗子

②玩核桃（图 1-2）。玩核桃也是北京古代贡品之一，其名品出于门头沟区灵水村，号称"灵水核桃"，这是食用型良种。另外京郊山区出一种"麻核桃"，其嘴尖、皮（壳）厚且坚实，多麻纹，出仁率低，从清代起成为玩家的掌中明珠——玩核桃。就玩物而言主要有"狮子头""虎头""公子帽""鸡心"等。主要出产于山区，盛产于门头沟、房山、昌平等地。古人称它为揉手核桃，又称文玩核桃。麻核桃的文玩文化理念，莫过于清·乾隆帝的诗咏——"掌上施明月，时光欲倒流。周身气血涌，何年是白头？"时年流传甚广，在京城民间有民谣相对："核桃不离手，能活八十九。超过乾隆爷，阎王叫不走"。随着此物此咏的广泛流传，北京城乡玩核桃一直传承至今，使麻核桃种植走俏、时尚。据《北京青年报》（2007 年 10 月 21 日）报道：房山区霞云岭乡堂上村一棵麻核桃树挂果 900 个卖了 13 万元，其中有 400 个个头大、品相好的每个价格 260 元。麻核桃本是天然产物，从不受待见到爱不释手，其奥秘在于文玩文化的介入。

图 1-2　玩核桃

③铁吧哒杏（图 1-3）。顺义区北石槽镇西赵各庄本产一片香白杏，本不出名。传说乾隆皇帝在微服私访时路过杏园，闻香便尝，口舌生津，饥渴全无，便龙颜大悦，命笔一挥赐名"铁吧哒"，满语意为"最好、第一"。乾隆回京后命臣到西赵各庄村征地建杏园，名曰"御杏园"，至新中国改革开放中复建"御杏园"，生产"铁吧哒"杏。据媒体传闻，每年一到始熟时即被游客采摘一空！走俏哉？乃因质文相融也！

图 1-3　铁吧哒杏

④金把黄梨（图 1-4）。大兴区梨花村原产鸭梨品位与众不同，其梨把呈金黄色。虽有此特质，但人们仍称它为鸭梨，与一般鸭梨一样看待。明朝万历年间（1573—1620），大兴县南庄村

（即今日的梨花村）里住着个寇姓秀才，此人才学渊博，天文地理，无所不知，三教九流，无所不通，诗词歌赋，无不一精。吟个诗，答个对，张嘴就来，人们都说他是绝顶的聪明。尽管他未做过大官，但因经常和皇上来往，所以当地人就称他为"寇大官人"。一年中秋节，皇上把他叫到宫里一起饮酒赏月。酒过三巡，菜过五味，皇帝便对寇大官人说："今天我让你品尝一样东西，你猜是什么？"寇说："是月饼吧？""不对"。说着，皇帝便拿出个白皮大水萝卜，并说"朕最爱吃的是萝卜，这是北村进贡来的。……白皮绿瓤瓜，名唤'葱心绿'，又甜又脆，味道极佳。"寇公子微笑着对皇帝说："陛下，我今天也给您带来一样我们村的土特产，您看。请万岁尝一尝这梨子。"皇帝接过一尝只觉比糖还甜，味甘色美，香气扑鼻。皇帝问这种梨叫什么名字，寇公子说"叫鸭梨"。皇帝听后便提议对对，他随口出了个上联"北村萝卜葱心绿"，寇公子随口应对"南庄鸭梨金把黄"。皇上一听，龙颜大悦，拍手叫绝："好，对得好"。随即便唤："来人哪，今天寡人就封这南庄的鸭梨为'金把梨'。从明年开始，萝卜不要进贡了，每年进贡这南庄的金把黄鸭梨。"从此南庄产的金把黄鸭梨成了人们竞相购买的热果，并传承至今。

图 1-4　金把黄梨

⑤黄土坎鸭梨（图 1-5）。享誉四海的黄土坎鸭梨，产于密云不老屯镇黄土坎村，距今已 600 多年。果实皮薄呈金黄色，灿

烂生辉，肉质细嫩，糖含量高，果核小，肉厚酥脆；果味甘美香醇，成熟后有香味。因其名亦为鸭梨，虽好吃却不出名。相传清朝皇帝乾隆从承德回京行至密云瑶亭峪行宫时，地方官献上黄土坎鸭梨请皇上尝。乾隆一品胜感清脆异常，甘美如饴，连称"梨中之王。"一经金口，黄土坎鸭的"梨中之王"便广为传开，名扬天下，享誉四海。其商品价值不断提升。

图1-5　黄土坎鸭梨

⑥心里美萝卜（图1-6）。心里美萝卜是北京地区的特产，古时以大兴西红门产品最为有名。这里是沙质壤土，地下水清纯丰富，很适合心里美萝卜的生长。长出来的萝卜其外表是地上部分青色，地下部分白色；剖开看皮是青色，肉是紫红色。吃起来肉质酥脆、水分大、含糖量较高。据测定，其维生素含量比梨高出一倍，磷含量高七倍，核黄素含量高三倍，铁含量高两倍。具有顺气解郁、助消化、提食欲之效。一次慈禧路过西红门行宫时尝了心里美萝卜后赞不绝口，称道"满口生津"，便传旨西红门萝卜进宫。从此，只要西红门的菜农给宫里送心里美萝卜，什么时候叫城门什么时候就开门。所以老北京有一句俗话，叫"西红门的萝卜——叫城门。"古时，北京地区种的萝卜品种很多，现在多失传了，只有心里美萝卜长盛不衰，一直活跃在首都市场上。

图1-6　心里美萝卜

⑦御塘米（图1-7）。御塘米原产于房山黄龙山下南尚乐乡石窝、高庄村白玉塘一带。高庄泉水自地涌，产米品质好，已有300多年历史。《燕山丛录》记载道："房山县有石窝稻，白色粒粗，味极香美，以为饭，虽盛夏而不餲"。《潞上客谈》也称："西山大石窝所收米最称嘉美"。因米色白如玉，后多称"石窝稻"为"玉塘稻"或"玉塘米"。清皇康熙路经云居寺时品尝了此米饭，连连称好，并钦定为贡米，赐产米之泉塘为"御塘"，所产之米称为"御塘米"，之后一直为朝廷贡米。如今为特供米。

⑧北京"宫廷金鱼"（图1-8）。金鱼原是鲫鱼的变种，人们驯养的初期叫金鲫鱼。金鲫鱼开始放养是在晋朝，建造放养池是在唐朝。金鲫鱼的家化历程始于南宋。据传，南宋皇帝宋高宗赵构，在宫中既养鸽子，又养金鲫鱼，广集天下金鲫鱼。南宋灭亡后，金鲫鱼被带到北京，经过培养与选育，逐渐育成后来有名的北京"宫廷金鱼"。金鲫鱼形态、色泽都很简单，可育成的宫廷金鱼则体态各异，色泽似锦。

据史料记载，金天德三年（1151），朝廷在中都营造鱼藻池

图 1-7　御塘米

图 1-8　北京"宫廷金鱼"

繁养金鱼，并选育出很多名贵金鱼品种。明代刘侗、于奕正在《帝京景物略》书中记道："鱼之种，深赤曰金，莹白曰银，雪质墨章，赤质黄章，曰瑇瑁。其金鱼，贵乎其银周之，其鱼银，贵乎其金周之，而别以管若箍。""鱼有异种者，白而朱其额曰鹤珠，朱而白其脊曰银鞍，米脊而白点七曰七星，白脊而米画八曰八卦。"在刘侗、于奕正两位先生笔下的金鱼形象已非其祖宗金鲫鱼所能比，真是其美如画。画是艺人们以巧妙创意与技艺所创作的"出于蓝而胜于蓝"的图像。它可使同一物创作出不同意境或艺术形象供人们欣赏、观摩，以愉悦神心，彰显文化艺术的魅力。类此之，育种者们就如画家们一样用科学与艺术的结合把简朴的金鲫鱼培育、演化为形态各异、色彩斑斓的活体景致，无论是单个还是聚众都是一幅幅活生生的画卷——文化艺术的物化。如今这些活的画卷已成为都市型现代农业中漂洋过海的产业亮点，展现在世人的眼前。京人面对这一幅幅活卷，温故知新，可掂量出沉甸甸的文化底蕴。

⑨ "天下美味"——北京烤鸭（图 1-9）。它的远祖或是原产于南京的白色麻鸭跟随清代漕运北上至京被京人在玉泉山脚下用肥美的水乡鱼虾、水草养育和人工选择而成，或由北京东郊潮白河一带一种小眼白鸭又称"白河蒲鸭"培育而成。不论其原种来源如何，北京鸭是由北京人的智慧与实践育成的，是北京人的再创性文化成果，距今已有 300 多年的历史。它的喙、蹼均为橘黄色或橘红色，羽毛纯白，体型肥大，外形美观。为适应烤鸭工艺的需要，人们配合饲料进行人工按时填喂，促使其快速生长成型，并且形成肥厚的皮下脂肪层——这样可烤制出外焦里嫩、香脆可口的烤鸭佳肴来。不同口味的食客一致认同其为"天下美味"。美者？智慧的凝聚也！

图 1-9　北京烤鸭

⑩妙峰山玫瑰花——"不须开采的金矿"（图 1-10）。门头沟区妙峰山镇涧沟村自古以来一直生长着花大、瓣厚、色艳、香浓、入口甘甜、芳香油含量高、质量上乘的玫瑰，提取出的香料，价值赛黄金，故被称为"不须开采的金矿"，是"华北一

绝"。从唐末五代开始即有僧人采花供佛，用玫瑰香料"浴佛"；辽始炼取玫瑰油；清代北京明点"京八件"的面料离不开妙峰山玫瑰花。有资料显示，在世界各国的玫瑰花中，中国的玫瑰花香气浓郁，而妙峰山玫瑰花是中国玫瑰之佼佼者。如今玫瑰油的价格相当同重量黄金的 4 倍。涧沟村玫瑰花种植面积已扩大到万亩，形成当今的"玫瑰谷"风景区。

图 1-10　妙峰山玫瑰花

(3) 政策导向　在封建制度下，历代王朝的兴衰史也是北京农村的发展与败落史。但历代王朝的兴与衰以致灭亡，也有一个基本规律，这就是新兴的王朝常常是窃取农民革命的胜利果实而建立新政的。为了稳定江山，他们不得不吸取前朝兴衰的经验教训，一般都要以新政安抚农民，"休养生息"，重新激发他们的积极性，恢复和发展农业、农村经济。由于北京在历朝历代的地位重要，是朝政和兵家必争之地。北京地区的安定发展事关全局，因此，这里的农业受到历代开明朝政的重视。

五千年前，"黄帝邑于涿鹿"，其内容之一就是"艺五种，抚万民，度四方"。司马迁在《史记》中综述了黄帝的活动空间与六大历史功绩，建都、建国、建军、建立法律秩序、建立农业文明、建立德治国家。"艺五种"就是继神农氏教民种植黍、稷、菽、麦、稻。

战国时期燕国以蓟城为都城，当时蓟城周围除了粮食生产之外，还允许发展各种经济成分，如鱼、盐、枣、栗、桑、蚕、麻等物产，且比较丰富。

刘邦在农民起义推翻秦王朝中建立了西汉王朝。汉初高、惠时统治者吸取秦王朝在农民问题上得失成败的教训和农民起义铸就的前代覆灭的前车之鉴，采取了劝欢课农桑，实施"以农为本"的治国方针；孝悌力田，奖励农民发展生产；薄赋轻徭，减轻农民负担等政策措施，使农民获得了六七十年休养生息发展农业的机遇。在"文景之治""汉武盛世"和"光武中兴"时期，北京地区的农业出现了突飞猛进的发展。

曹魏时期，魏文帝初年，崔林为幽州刺史，认识到幽州"与胡虏接，宜镇以静。扰之则动其逆心，特为国家生北顾忧。"（见《三国志》卷24《魏书·崔林传》）。因而确立了"镇之以静，与民休息"的政策，减轻了民间负担，稳定了幽州社会。

曹魏时期，为了从东汉末年没落的社会经济中恢复过来，当时驻守幽州的征北将军刘靖为开荒屯田发展种稻，遂遣部下丁鸿率军近千人，在今石景山附近的漯水河道弯曲处，"积石笼以为主遏，高一丈，东西长三十丈，南北广七十余步，依北岸立水门"，名戾陵遏。戾陵遏截引永定河水经所开凿的车箱渠，东入源于今北京西部海淀区紫竹院的高粱河，"灌田岁二千顷[①]，凡所封地百余万亩"（见《水经注》卷十三）。戾陵遏、车箱渠工程的完成，史称"水溉灌蓟城南北，三更种稻，边民利之。""三更种稻"即指黍、稷、稻三种作物。据史料考证，北京史上大规模

的农田水利工程，见于史书记载的当首推该项工程。从此，北京地区的水稻生产出现了崭新面貌。

唐代在"贞观之治""开元盛世"的一百多年中，吸取隋末农民起义缘于"赋役繁重，官吏贪求，饥寒切身"的教训，采取了一系列新政开明政策，诸如："抚民以静"，实施"农为邦本""静为农本"的治国方略；功课农桑，姿其农民致力农业生产；推行土地"均田制""租庸调税制"，调动农民恢复和发展生产的积极性；鼓励增殖人口，确保农业劳动以恢复和发展农业生产等，使百年初唐出现我国古代农业的一个新高峰——国家岁入粮食 2 500 多万石①（地方有 1 亿多石），绢 740 多万匹，布 1 600 多万端，钱 200 多万贯。是时，幽州地区农业生产面貌也为之一新，贞观中唐太宗令于幽州置平常仓，"栗藏九年，米藏三年"，以备荒岁和平抑粮价。

辽建南京为陪都，圣宗对南京地区的农业实行一系列奖励改革。统和十二年（994），因淳阴水灾，下令浚河道，减免当年赋税，并赐贫户耕牛。翌年，下令诸道劝农，动员开垦昌平、怀柔等地的荒地。统和十五年（997），令南京逋税及义仓栗（税名）。开泰三年（1014）增设南京转运使。开泰八年（1019），南京发官廪使卖身为奴农民按佣工赎身。由于这些措施的实行，到圣宗太平年间，燕京地区出现了空前的经济繁荣。《契丹志》有记载道："膏腴蔬蓏、果实、稻粱之类，靡不毕出，而桑、柘、麻、麦、羊、豕、雉、兔，不问可知。"这是当时燕京市场的繁荣景致，也道出了当年农业的发达。

元代建都北京后，采取了一系列使百姓安业力农的措施，诸如：禁止蒙军和诸王贵族把农田变为牧场和随意放牧或向农民索要草料；鼓励农民开荒种地；禁止蒙军和地方官府扰民，减轻农民徭役负担；在北方乡村普遍建立村社组织机构；释放奴隶从事

---

① 石为非法定计量单位，1 石≈29.95 千克。——编者注

农业生产劳动，兴建水利和大兴屯田等政策措施。这些举措促进了农业生产的很快恢复和发展，大都地区的农业呈现出五谷丰登，六畜兴旺；"紫荆关下有栗园尤富，岁收栗数千斛。"（见《析津志辑佚》）畜牧业尤为发达，大都路养马近 10 万匹，平均 2～3 户就养马一匹。

明代永乐年间（1403—1474）迁都北京后大力从山西及江南向北京郊区移民垦荒种田。在洪武年间（1368—1398）大量从外埠山西、江浙向北京移民的基础上，永乐元年（1403）七月，"徙直隶苏州等十郡、浙江等九省富民三千八百余户以实北京"（《明史》卷文）。此为北京地区数百年发展奠定了基础。据吴宽《瓠翁家常集》（卷 45）记载："到弘治时，北京已是"生齿日繁，物货益满，坊市人迹，殆无所容。"

清代初期因战乱造成北京地区农业遭受严重破坏，人口流散，土地荒芜，经济蔽落，城镇萧条。康熙、雍正、乾隆三朝吸取前代在农民和农业问题上的经验教训，采取了调整土地关系、兴修水利、重视粮食生产、减轻农民负担等一系列农业政策，迅速恢复和发展农业生产并将农业经济推向繁荣，使北京地区农业也和全国一样进入历史上第四个农业新高峰的"康乾盛世"。

新中国成立后，农民成为土地的主人，历届市委、市政府高度重视农业和农村经济，将其作为全局性的战略问题来抓。在处理城乡关系中，既强调农村为城市服务，保证城市的供应和发展，又要求城市支援农村，发挥城市的辐射和带动作用。20 世纪 60 年代就组织工业支援农业，推行"厂社挂钩，对口支援"，改革开放后，又明确提出"服务首都，富裕农民，建设社会主义新农村"的方针，积极推进城乡一体化。新中国成立 60 多年来，市委、市政府总是认真贯彻执行党中央、国务院有关农村、农业的扶植政策，促进农业不断攀登新台阶（表 1-1 至表 1-4）。

表1-1 农业土地产出率

年份	播种面积亩产（千克）			粮食耕地面积亩产（千克）
	粮食	蔬菜	油料	
1949	56.7	919	47.2	63.8
1952	87.0	1 437	67.8	95.5
1957	91.4	2 128	62.0	108.2
1965	161.0	2 502	60.0	210.1
1978	221.0	1 947	53.1	380.4
1985	286.4	2 507	128.5	464.7
1990	364.2	3 368	171.5	596.5
1995	399.1	2 898	186.3	668.4

资料来源：《北京志·农业卷·农村经济综合卷》. 北京出版社 . 2008.

表1-2 单位耕地面积产值

单位：元/亩

项 目	年 份					
	1957	1965	1980	1985	1990	1995
农林牧渔业总产值	62.4	135.1	210.7	311.4	454.9	1 528.6
其中种植业产值	48.5	90.0	133.7	181.2	231.1	792.8

资料来源：《北京志·农业卷·农村经济综合卷》. 北京出版社 . 2008.

表1-3 农业劳动生产率表（1）

年份	平均每个劳动力负担		每个农业劳动力创造产值
	耕地（亩）	人口（人）	
1957	7.2	2.5	451.7
1965	5.4	2.7	735.8
1978	4.0	2.3	818.0
1985	3.3	2.0	1 033.8
1990	3.4	2.1	1 527.9
1995	3.6	2.3	5 528.0

资料来源：《北京志·农业卷·农村经济综合卷》. 北京出版社 . 2008.

表 1-4 农业劳动生产率表（2）

单位：千克

年份	平均每个农业劳动力生产量						
	粮食	蔬菜	果品	肉类	鸡蛋	牛奶	淡水鱼
1949	379.4	95.5		7.0		1.8	
1957	709.6	808.1	48.3	15.7		12.7	0.3
1965	969.1	1 092.7	89.9	29.3		43.4	0.8
1978	1 150.4	995.2	108.4	58.4	13.1	33.5	1.1
1985	1 156.0	1 073.7	99.3	71.6	74.2	71.1	8.4
1990	1 435.7	1 932.2	149.8	110.7	139.8	117.9	27.7
1995	1 588.0	2 428.5	285.9	181.2	174.0	125.9	45.6

资料来源：《北京志·农业卷·农村经济综合卷》. 北京出版社. 2008.

北京市委、市政府按照党的政策，不仅领导农民发展农业生产，增加物质财富，还积极引导农民从事农产品精深加工及农产品与其加工品的市场流通，实行产、加、销一体化，在丰富和繁荣市场供给的同时，开拓农业增值空间和农民致富渠道。优越的社会主义制度，使广大农民成了现代农业发展的主体。近 60 年来，他们在服务首都的同时，也致富着自己，1949 年他们的平均纯收入为 129.8 元，到 1957 年增加到 340.55 元，农民生活初步摆脱贫困，有所改善；之后农民收入经历了一段徘徊停滞期（1958—1978），随后农民收入进入快速波浪式增长时期，由 1978 年的 224.8 元增加到 1995 年的 3 208.5 元，增长了 13.3 倍；到 2005 年则增加到 7 860 元；2010 年达到 13 262.0 元。2010 年，农村全面小康综合实现程度为 93.2%；农村居民恩格尔系数由 1978 年的 62.9% 下降到 30.9，基尼系数为 0.3，农业实现第一次现代化而进入第二次现代化建设（何传启等，《中国现代化报告（2012）·农业现代化研究》，北京大学出版社，2012）。

　　以市场为导向，发展商品经济（生产）。历史上，北京是中国北方重要的商贸中心，农产品流通相当发达。春秋战国时期，北京作为蓟、燕方国都城，是汉族与北方少数民族进行贸易活动的中心；秦、汉至唐代，随着北京地区经济的发展和大运河的开通，北京的农产品逐渐分行业发展，京城出现了一批行业店铺和集市；辽、金、元、明、清时代，伴随着北京政治地位的提升，人口的迅速扩大，北京成为全国主要消费城市，农产品流通的地位日益重要。诚然，在漫长的封建制度下农业的主体性质是自给自足的自然经济，农户有少量农产品上市尚属于产品流通，对于广大农民来说只是换点零花钱以购买其他生活用品和生产资料等，还够不上商品生产与商品流通。但这里的农民从城市的需求中看到自己获利的亮点——果蔬、花卉、畜禽等副食品生产，比粮食生产的经济效益要高。即使粮食生产也杂以小麦、水稻等细粮——这是清代才出现的词。那时认定的细粮，一是吃起来适口性好，老少皆宜；二是与小米、玉米、高粱等杂粮相比销售价位较高。从追踪北京地区农民的生产实际情况看，本地区自有城市起即孕育着一定程度的商业性生产——经济作物，如蔬菜，从采集野菜——薇菜等上市，到春秋时期人工种菜，西汉时即出现建圃种菜，温室冬季种菜，生产的蔬菜品种由开始的 24 个发展到清代的 208 种，到明清出现种菜专业及市场上出现"菜伢"中介；种果，早在西汉时司马迁在《史记·货物列传》中就写道："燕有渔盐枣栗之饶。""燕秦千树栗，其人与千户侯等"；种花，明代兴起种花，丰台、草桥一带的许多农民（户）以种植花卉为业，出现种花专业户，以卖花木营生；从明代起引进棉花良种发展棉业生产与芝麻等油料作物同等重要的经济作物；饲养经济性畜禽和养蚕缫丝，更是由来已久。到了清代出现了清晰可见商品性农业和传统农业之外的多种经营产业，并有了开拓性发展。

　　但由于历史上战争频繁，政局不稳，加之封建统治阶级残酷的压迫剥削，农民长期处于被压迫被剥削之下，生产积极性不高，农业生产力波动式前进，一直处于自给自足的小农经济水平下生活，虽有心于商品生产而无实力可为。

新中国成立后，一度实行社会主义计划经济体体制，一切经济活动都按政府制订的计划执行，农业生产管理和生产者按计划组织生产，产品由政府主管部门按行业组织统购统销，有的实行定量发票（如粮票、油票、肉票和副食本）。在由 1978 年党的十一届三中全会确定的改革开放中，随着农村经济体制改革的深入，市场经济体制逐渐置换了计划经济体制的束缚，农民可以以市场为向导，按照市场需求和社会化服务安排农业生产。就北京市而言，在 1987 年 1 月 10 日至 1 月 15 日召开的北京市农村工作会议上，决定在深化改革中"全面发展商品生产"。由此，北京农业进入社会主义市场经济发展阶段，农民既可以从事农业生产，又可从事农产品加工及营销，向着首都提供产、加、销一体化，贸、工、农一条龙服务，并拓宽了农业增值、农民致富的空间。建立起一系列规模化、专业化、标准化、现代化农业商品生产基地，到 1989 年，共建设起十个规范化奶牛场，到 1992 年，全市人均占有牛奶 24.36 千克，解决了市民"吃奶难"的问题。到 1990 年共建立起八大果品生产基地（包括有苹果、梨、桃、柿子、葡萄、板栗、核桃、仁用杏等）；到 1991 年建立起 52.5 万亩蔬菜生产基地，年产蔬菜 36.8 亿千克；到 1992 年建起规模养猪场 1 034 个，每场年产商品猪 1 500 头，同时建立商品鱼基地 10 万亩，解决了市民"吃鱼难"的问题。到 1990 年年底，全市共建城乡农贸市场 730 个，全年成交金额达 23.6 亿元，到 2008 年共建立花卉生产基地 3.77 万亩，创造产值 11.9 亿元，直接从事花卉生产的企业有 267 家，农户 1 511 家，从业者超过 3 万人，共有 37 家花卉市场，15 家花卉零售点，花卉消费额达到 70 亿元。

20 世纪 90 年代中叶以来，北京市农业已不仅只是向首都出售产品服务的商业化农业，还延伸为服务性商品农业。到 2010 年全市建有为市民回归大自然、观光休闲服务的农业园 1 303 个，接待游客 1 774.9 万人次，农业观光园从业人员达 42 561 人，总收入 17.796 亿元；创意农业园 113 个，拥有创意农产品 20 多种，创意农业年产值约 20 多亿元。

观光农业和创意农业就其本质来说应是农业的二次创业。古人言："辟土植谷为农（业）"。今人言："培育动植物以取得产品的社会生产部门"。传统农业的基本职能就是生产农产品满足人类生活、生产（工业原料等）需要。农业生产者所能获取的收入只是产品的销售收入，而观光休闲农业则是产品生产业与休闲服务业复加的增值服务业。也就是说观光农业既有产品价值，又兼有服务价值，而二者是同一块土地上产生的，是一种可见无形的"立体"农业，是物化与文化融合的新兴农业。因此观光农业的附加值远高于仅仅物化的产品农业。

创意农业是以农业产品为质料进行科学艺术再创的产业。其再创形式多样，如将小西瓜或小葫芦卡在特制艺术模型内，使其长成相应形状的西瓜或葫芦，将苹果矮化盆栽结果，塑造盆景，把甘薯栽于容器使其由地下结薯变为空中结薯等，这是在农业过程中的创意；再就是利用产后的农业质料进行再创性产业，如用麦秸制作诗情画意的艺术品，以葫芦为质料制作工艺品，以蛋壳作画等；以一些人们喜闻乐见的农作物或花木等为主题创办观光节，如大兴区的西瓜节、北京植物园的月季节、桃花节等。创意农业的不同创意都是基于农业的质料和背景而衍生出来的。

无论从理性还是从实践来看，观光农业与创意农业都源于产品农业而高于产品农业。从一定意义上讲，产品农业只给人们物的服务与享受，而观光农业、创意农业不仅给人们物的服务与享受，还给人们以精神上的服务与享受。画界大师们以农业素材作画成名者众多，如国画界齐白石的大白菜、虾，黄胄的雏鸡，徐悲鸿的八骏图，郑板桥的竹等，无一不是源于农业生物，从农地而跃于纸上，观者无不称好。由于纸面的局限和取材时空有限，画再美、再显生灵，也难以代替观光农业、创意农业的自然美，它们在美中透出勃勃生机、生灵和生气，透出活生生的气势和气质。当然能供人们如获珍宝用于收藏的还是画，画不仅收藏方便，而且农业质料蕴含的文化底蕴经画家们的创意艺术表现，可让赏者一目了然，比从隐匿在大地上的生物画卷中感悟要容易得多。已有不少农业观光园结合实际建起相应的科普画廊，就使观光文化更加显性化，值得广而仿之。

三、城乡关系中的辩证法

城乡关系充满着哲理，只是不同时代人们生活在不同社会制度下，受不同阶级利益和世界观的影响，对哲理（学）的认识、接受与把握不同。在封建主义社会制度下，封建统治者及其社会舆论是按照唯心主义哲理（学）来认识世界、改造世界，为我服务或服从于我的。在封建社会制度下的城乡关系在统治阶级唯心主义哲学操纵下，城乡间的关系主要是剥削与被剥削的关系，但统治阶级为了缓和或避免阶级间的强烈对抗也存在运用"社晋"政策来安抚被剥削阶级（农民），以昭恩慈为怀，安定民心，以换取和维护统治阶级的根本利益和权力。那时的城市就是封建统治阶级的集居点，市民中有相当一部分是他们的臣民，而农村的农民只是庶民。那时城乡间各有"三依"：

1. 旧社会城市与农村的关系

（1）城市对农村的"三依"　一是城市吃的依靠农村供给，其主渠道是通过地主向农民放租土地收取高额地租，再由地主和商贾在城市开设粮行、菜市等，供养市民，当然也有农民进城直销农产品，不过其数量不大，因为他们的租田所获还自顾不暇呢；二是城市建设用工依靠农民徭役；三是城市财富苛征农民赋税。

（2）农村对城市的"三依"　一是城市官府组织农民兴修水

利、开荒种地。北京历史上，在灌溉、航运、防洪等方面有很多工程与成就。在灌溉方面，战国末年，燕督亢一带是北京最先发展灌溉的地区；汉代以来，凿井溉田多有发展；东汉初年，渔阳太守张堪率众在狐奴（今顺义区）引鲍丘水开稻田八千余顷，教民耕种，以致殷富；魏嘉平二年（250），镇北将军刘靖率千将士修建戾陵堰，开车箱渠，引水灌溉，屯田戍边；隋朝开通大运河，成为南北经济文化交流的水上通道；元代开凿白浮翁山河引水入积水潭，连通并改造闸河，直抵通州，使漕运大为改善；明、清时多次兴修永定河圩堤，尤其清代整修永定河，使30年不出问题，且由浑水变清水。新中国成立后，北京也大兴水利工程，先后修建成官厅水库、十三陵水库、密云水库等大、中、小水库共86座，可蓄水90多亿米³。这一切水利工程都由政府出面组织兴建，这类事情没有城市官府施政组织实施，靠农民单枪匹马是干不了的。二是政策扶民休养生息。在封建社会战争和自然灾害频发。据史料记载，我国历史上的农民起义有600多次，其中是以摧毁封建王朝的农民起义有10余次。凡带全局性的战争都会或多或少、或轻或重地影响北京地区的农业经济的发展，产生衰退，使新的朝政处于困境。为被解困境新生的王朝总是要吸取前灭亡的教训，一般都要"与民休养生息"以激励他们回乡恢复和发展农业生产，重兴剥削资源。三是依靠赈灾度荒与恢复生产。

北京地区旱、涝、蝗虫等自然灾害经常发生。据史料记载，夏时水灾为患，大禹治水九过家门而不归；商周时期以旱灾为重；春秋战国时期是旱、蝗虫为患。元代"自至元八年（1271）至正二十八年（1368）的98年间有48个年份在大都地区发生轻重程度不同的水灾，平均不到两年就有一次。明代自洪武元年（1368）至崇祯十七年（1644）的276年间，北京地区的水灾年份有104个，平均每三年一次"（见《北京水利志》）。新中国成立后，"从1949年到1995年的47年中，有9次较大洪涝灾害出现"。旱灾、虫害亦频频发生。每一次灾害都会对北京农村、农业造成不同程度的灾难。

据史料记载：

东汉末（公元 193—199）时。旱、蝗虫、谷贵，人相食（见《述异志》）。

北魏宣武帝景明元年（公元 500）幽州暴风，死一百六十一人（见《魏书》）。明代 9 次特大水灾，致使"田禾尽淹无收，大批房屋坍塌，大量人畜淹毙"。

自元至元八年（1271）到 1948 年的 677 年中，发生较大的旱、涝灾害 653 次，其中洪涝 297 次，干旱 356 次。造成的灾害文献上多有记载："颗粒无收"、庶民"逃离乞讨""饿殍遍野"。

清朝自顺治元年（1644）至宣统三年（1911）的 268 年中，北京地区有 128 个年份发生了轻重不同的水灾，"轻者毁田伤稼，粮食减产；重则房屋浸塌，漂溺人畜，阻断道路，引发瘟疫，致使大批人家流离失所，家破人亡"。……

面对常发、多发性自然灾害，广大贫苦民众是无法抗御的。封建统治者为了自身的长治久安，对一些重大灾害也不得不注意赈灾。早在西周和春秋战国时期就设立"积谷备荒"制度。《礼记·王制》中写道："三年耕，必有一年之食，九年耕必有三年之食"。并指出："国无九年之蓄曰不足，无六年之蓄曰急，无三年之蓄曰国非其国也"。春秋战国即始设"仓储制度"并设"仓人"专职专司建仓积谷之事。以后各朝代一直沿袭"常平仓"，有的朝政如元、明除"常平仓"外，还建有"义仓""社仓""预备仓"，目的是便于救荒赈济。

清代仓储制比以往各朝更为完善。各省会至府、州、县所在地设有"常平仓"，或兼设"预备仓"；各乡村设"社仓"；各市镇设"义仓"。清代的"社仓""义仓"对救济贫困农民，扶持小农生产有一定的积极意义。

另外，各代封建王朝还设有农业风险发生后的"救荒制度"。

其形式有五种：一是赈济的救助制度；二是减轻赋税的救助制度；三是资助恢复农业生产的救助制度；四是安置灾民进行生产自救的救助制度；五是稳定粮食供给的救助制度。

这些赈灾、救助制度的存在，就成了受灾民众求生与恢复农业生产的依靠的起步。

如何看待封建统治者赈济、救助行为，不妨读一读恩格斯的一段论述："政治统治只有在它执行了它的社会职能才能持续下去"。

2. 当今社会城市与农村的关系　在社会主义制度下，北京城乡间也存在相互"三依"问题。不过这是利益一致者间相互依靠的问题。

（1）城市依靠农村提供三大类型服务

①食用农产品供给服务。其中特别是副食品（菜、奶、肉、蛋、鱼、果、花等）以及外埠不可替代或难以替代的名、特、优、新、鲜活的农产品及应急农产品的供给服务。为此，京郊陆续建立起稳定的副食品生产基地。蔬菜生产方面，从 1978 年到 1995 年，面积扩大了 62.3％，总产增加了 1.4 倍，保证每天供应城市居民人均 0.5 千克鲜菜。1995 年，全市粮食、蔬菜总产量分别稳定在 25 亿千克和 40 亿千克的水平，商品率达 65％。畜产业中的肉蛋奶从 1978 年到 2008 年产量的年平均增长速度分别为 5.76％、7.11％和 8.78％，2008 年肉、蛋、奶自给率分别为 33.2％、60.9％、64.8％，为繁荣市场、满足不同层次的消费需求发挥了重要作用。

②生态宜居服务。生态宜居是首都人民一直追求的目标。在北京市委、市政府的领导下，京郊广大农村、农民一直为之努力奋斗，坚持植树种草、封山育林、涵养水源、防止水土流失、修水库、疏河道，实行平原地区农田林网化、城市农村园林化、封死五大风沙口、建立"五河十路"的绿色走廊。从 2006 年起坚持治理裸露农田，实行保护性耕作，基本实现了农田"无裸露、无撂荒、无闲置"，有效抑制了农田浮尘的发生。从 2012 年起，在

平原地区退耕建林 100 万亩，到 2014 年上半年已完成 95 万亩；对山区小流域、沟域进行综合治理，发展以优良生态为核心的沟域经济。据《京郊日报》2014 年 6 月 19 日报道："截至 2013 年年底，全市林地总面积达 108.2 万公顷，林木绿化率达 57.4%，森林面积 71.6 万公顷，森林覆盖率达 40%，平均沙尘天气由过去的 30 天降到 2010 年以来的 3 天。2010 年北京都市型现代农业生态服务价值监测公报结果是贴现值为 8 753.63 亿元，其中直接经济价值为 348.83 亿元，占总价值的 11.4%，间接经济价值为 1 002.75 亿元，占总价值的 32.7%，生态与环境价值为 1 714.78亿元，占总价值的 55.9%。"

③休闲腹地服务。据有关方面调查，北京市民中有 95% 的人表示将利用节假日到郊区旅游休闲。京郊作为城市居民休闲回归大自然的去处有四大类型：

A. 自然景区。比较知名的景区有门头沟区的百花山，延庆区的松山等自然保护区，怀柔区喇叭沟门的白桦林，房山区的银狐洞、喀斯特地质公园等。

B. 人文景区。包括房山区周口店"北京人"遗址、上方山，海淀区香山红色大营，怀柔区山野度假村，密云区京都第一瀑度假村等。

C. 农业观光采摘园。到 2010 年已有 1 303 个。

D. 民俗村户和最美乡村。可住、可观、可玩、可吃。新创沟域文化有：百里山水画廊、天河川、白桦谷、四季花海、酒乡之路、九里山桃花谷等。这些知名沟域，为京郊描摹出一幅幅绚烂画卷，呈现出"山会招手、水会唱歌、树会说话"的美丽富饶新山区。

京郊农业文化底蕴极为厚重：京西大峡谷可与东非大峡谷并称为人类文明起源的东西两大源头。到 2000 年为止，中国发现的上百万年以上的古人类活动遗址共 25 处，其中 21 处集中在京西泥河湾，因此，北京大学的学者认定京西大峡谷是人类文明的东方源头。据考古发掘出土遗迹考证，北京地区是中原的仰韶文化、东北的红山文化和西北的游牧文化的交汇之地，在昌平区灵山遗址中即可一览无余，还有十分丰富的人类文明的衍生文化：a. 古村落文化，仅门头沟区就百个以上；b. 民族文化，这里集聚着全国 56 个民族，其中比较活跃的除汉族以外，还有满族、回族、藏族、蒙古族等；c. 民俗文化，内容十分丰富，已形成旅游业的一个分支——民俗游；d. 乡间演艺文化，纷繁多样，不拘一格；e. 农耕文化，既古老又现代，还有东西方的融合；f. 商贾文化，如大运河上的"号子"、串胡同的叫卖、集市交易的行话与手势（语）等；g. 餐饮文化，如通州的"小楼烧鲶鱼""大顺斋火烧"，顺义区李桥的"熏肉"，永乐店的"肉饼"，密云区溪翁庄的"侉炖鱼"，延庆区的"豆腐宴"，大兴区东营村的"白水羊头肉"等；h. 手工艺文化，以农业材料为基质制成花样别致的工艺品；i. 贡品文化，京郊从燕国开始陆续出现贡予皇宫的土特农产品，如向唐朝进贡的板栗，向宋辽进贡的金顶玫瑰花，在明朝进贡的金把黄鸭梨，向清朝进贡的京西稻米、御塘米、心里美萝卜、铁吧哒杏、玉皇李、京白梨、郎家园大枣、磨盘柿、北京油鸡、北京鸭等，过去的贡品中有许多一直传承至今，并被发展为名特优品牌产品；j. 节庆文化，对一些富有文化底蕴的农业物候期以节聚众共享，称为"节"，诸如桃花节、樱花节、梨花节、苹果节、樱桃节、植树节、西瓜节等。

农业文化较之书本（或纸面）文化不仅具有知识性，还具有灵性，其韵味无穷，仁者见仁，智者见智，可各得其所。有考察分析指出：古"燕京八景"中有一半（卢沟晓月、居庸叠翠、西山晴雪、玉泉垂虹）在京郊，全市现有六大世界文化遗产中有一半在京郊，北京新十六景中有七景在京郊，全市现有 154 个 A级景区中有 115 个在山区，占 75%，世界 500 个生态村之一的留民营村在京郊大兴区。全市郊区现有古树名木 18 179 株，其中密云区有一株柏树已有 3 000 年历史。还有上千年的酸枣王、银杏王、玉兰花王等。京郊景致怡人，令游人熙来攘往。

（2）当今农民对城市的需求亦有"三依"

①科教兴农。科教兴农是 1987 年由国务院在《加速农业科技成果转化，促进农业振兴》中提出的，时称"科技兴农"。之后，因教育部门参与，便演变为"科教兴农"，如今已成为我国农业持续发展的战略举措。早在新中国成立之初，北京市就组织科技人员参加郊区农业生产技术指导活动。1950 年 2 月 13 日《人民日报》即报道了"首都 800 名教授、学生参加郊区土地改革，热诚帮助农民翻身"。这一年 10 月 16 日，北京市委在《关于团结技术人员的决定》中指出："团结各种专家、技术人员是首都经济、文教和市政建设工作获得迅速发展的重要条件之一。"1951 年，为适应郊区农民发展生产的需要，各级政府着手推广农业生产技术。为此，建立了新式农具推广站、病虫害防治站和水利推进社等，推行运用 7 寸①步犁、马拉播种机、解放式水车和手摇喷雾器等。1952 年，西郊广源闸村农民金鸿乐创造了"推麦蚜车"，捕打麦蚜比人工捕打快 10 倍，获得市政府 100 万元（旧币）奖金；同年东郊关西庄生产能手张凤山组织郊区第一个农业技术研究小组，推广普及科学技术；这年冬季，市委在《关于一九五二年冬季郊区农村工作的指示》中提出："办好冬学，并重点推行速成识字，扫除文盲运动"。1953 年 2 月 23 日，北京市劳模大会上提出："大力推广先进经验，科学技术，普遍提高单位面积产量。"这一年 6 月市郊大田作物发生黏虫，市级机关 800 多人赴虫灾区帮助捕打。1955 年 2 月，市委书记刘仁在市农业生产劳动模范大会上提出"加强农业科学技术工作"；该年 3 月 22 日，市人委批准东郊、南苑、丰台、海淀、石景山、京西矿区等 6 个区建立农业技术推广站，向农民推广先进技术；

---

① 寸为非法定计量单位，1 寸≈3.34 厘米。——编者注

8月6日建立市植物检疫站，预防农业病虫入侵或外传。1956年，中共中央在"关于知识分子问题的会议"上，毛泽东号召全党努力学习科学知识，庄严发出"向科学进军"的号召。1962年12月26日，万里副市长在市农业工作会议上提出："郊区农业生产开始进入以技术改革为中心的新的历史时期，各级农业部门的领导干部要尊重科学，钻研技术，逐步掌握农业'八字宪法'的基本知识；要充分发挥科学技术人员的作用，充分发挥物质技术力量，做到人尽其才，物尽其用；要采取的各种有效办法，逐步提高农村干部和社员的文化水平和科学技术知识水平。"1963年3月市领导刘仁等同市科委领导谈话时提出："北京市科技工作要服务于首都的工农业生产，……农业搞样板田"；同年7月27日，市人委召开农业科学技术工作会议，研究100万亩小麦平均亩产150千克的实验问题，明确由"市科委负责将科学家组织起来，为实现实验任务发挥作用"。1964年2月2日至9日，市委召开农业科学技术工作会议，要求全市500万亩农田种好小麦和玉米；搞好实验，贯彻农业"八字宪法"。1965年，在全市小麦生产会议上，国务院副总理谭震林到会讲话，他说："你们达到了第一个目标，就是100万亩水浇地小麦亩产150千克。"1966年召开全市农业机械工作会议，会议上指出："加快郊区农业技术改造步伐，促进农业生产的稳产、高产。"1979年起先后建立了小麦、玉米、水稻、蔬菜、果树等专业技术顾问团组，向农民推广先进技术。从1981年起，北京市政府农林办公室科教处首次在政府部门牵头制订每年度的农业技术推广应用计划。1981—1998年，累计列项推广科技725项，总投入资金3 157.2万元，有力地促进农业科研成果的推广与应用，推进农业生产力不断提升。科技进步对农业经济增长的贡献率由"五五"的低于30%，提高到"六五"的42.2%，"七五"达51.2%，"八五"达54.7%，"九五"为55.0%。"十五"达60.0%，到2008年达76.17%（北京市农委，《北京农村产业发展报告》，2009）。

1986 年，北京市出台《关于农村科技体制改革意见》，提出"科学技术要走在农业生产发展的前头"。1987 年国务院发文提出"科技兴农"战略，从此"科教兴农"深入人心，成为京郊农民科学种田的指南。首都有得天独厚的科技、教育优势，从实践中农民们已认识到"科学技术是第一生产力"，发展都市型现代农业离不开科学技术。因此，他们需要城里的科技、教育和文化下乡，这些成为了农民致富的不竭动力。过去科学种田离不开科技，现在开发农业功能更离不开科技创新和人才培训。

②需工业反哺农业。农业是国民经济基础，曾为北京工业的起步与发展贡献了原始资本的积累与涵养。但农业毕竟是弱质产业，又是物价中受平抑的产业，还是风险较大的产业。如今要向"生态、安全、优质、集约、高效"可持续方向发展，没有高技术、高投入，就很难获得高产出、高效益。发达国家、发达农业的经验表明，"工业反哺农业"是工业社会的天责。北京市在这方面是有一定基础的，现在也正在实行中。据资料显示，1958 年 3 月，中共中央发出《关于加快农业机械化问题的意见》（以下简称《意见》）。根据《意见》的要求，市委、市政府从市有关单位调拨了 200 多台车床、涡轮机等设备，抽调了一批技术工人，帮助农村建立了 308 个农机修造厂（站）。同时帮助农村搞农具改革、滚珠轴承化的群众运动。同年还决定把城区 100 多个国营、城镇集体工厂，3 万多职工迁往郊区。到 1960 年，农村社队企业总收入即占当年人民公社三级总收入的 19.9%。1960年 8 月 10 日，在市人委举行的第 19 次会议上，副市长万里提出："农业是基础的思想，要贯彻到各方面去，这是全党全民的事情。工、交、商、文化教育各部门都要有以农业为基础的思想，都来支援农业。"1968 年，为了支援郊区农业生产，市里又组织了工业支援农业服务队，实行"厂社挂钩、定点支农"。到20 世纪 70 年代初期，先后组织了 268 家城市工矿企业，抽调了 2 000 多名技术工人，组成了 1 704 个支农队（组），帮助农村完

善三级农机修配网。1972 年 5 月 9 日，中共北京市委召开工业支援农业动员大会，贯彻落实"以农业为基础、工业为主导"的方针，要求把工业支援农业的工作做得更好。动员会后在全市进一步掀起工业支援农业的热潮。到 1973 年，郊区农村社队办的企业达 2 923 家，从业人员 8.1 万人，实现总收入 2.1 亿元，占农村三级总收入的 22.5%。1975 年，邓小平提出"工业要支援农业，促进农业机械化是工业的重点。工业区、工业城市要带动附近农村发展小型工业，搞好农业生产。"1975 年 3 月，北京市革命委员会召开工业支援农业工作会议，号召支农单位采用厂社挂钩的形式，帮助公社把社办企业办起来。当年在市郊区工业规划会议上，将城市工业 800 多种产品下放到郊区县或社队生产。到 1978 年底，郊区社队企业发展到 4 075 家，比 1973 年增长39%；从业人员 22.6 万人，比 1973 年增长 178%；总收入 7.9亿元，比 1973 年增长 2.7 倍；占农村三级总收入的比重，由1973 年的 22.5% 上升到 41.9%。

20 世纪 80 年代初，北京市委、市政府根据首都工业发展规划，进一步向农村扩散下放产品和零部件生产。"厂社挂钩、定点支农"的工厂，把工作重点转向帮助发展社队企业。同时根据国家政策，在财政、税收、信贷等方面给予社队企业大力支持。到 1981 年，郊区社队企业发展到 1.42 万余家，从业人员 74.4万人，固定资产 15.1 亿元，实现总收入 37.6 亿元，分别比1978 年增长 2.5 倍、3.7 倍和 3.8 倍。

③城市支援农村。在改革开放中，北京市工业经济和服务型经济蓬勃发展，在国民经济中已占有绝对优势（98%以上），城市建设经过几十年的努力已进入国际化大都市的水平，而农村城镇（市）化建设相对滞后。在党中央提出建设社会主义新农村的战略部署成为农村工作的重中之重后，市政府审时度势，2006年向 10 个远郊区县与城八区的投资比例达到 51.1∶49.9，总额达 71.96 亿元，这是历史上所没有的。再就是执行中央决定，从

2006 年起取消农业税、农业特产税和屠宰税；全面落实工业反哺农业、城市支持农村和"多予、少取、放活"方针，加快建立有利于改变城乡二元结构的体制，并建立"部门联动、政策集成、资金聚焦、资源整合"的都市型现代农业和新农村建设的推进机制。对农村生态服务、植树造林、退耕还林、购置农机具、建设设施农业、良种更新换代、村级全科农技员配备、节水灌溉、保护性耕作以及山、水、林、田、路、信息、交通等诸多农业与新农村建设投入方面给予政策性支持与补贴，为农村建设解决了一些重大事项和难题。此外，北京市从 2007 年以来，对农业还实行政策性保险，实施 7 年来累计赔付 20.26 亿元，使 85 万农户受益（《北京日报》2014 年 6 月 24 日）。

3. 城乡一体化　在相当长的历史时期中，城乡是分割存在的，史称"二元结构"。前面讲到城市是由村落扩大而来。就北京城市而言，由村落扩大为城市后便成了周朝的方国蓟的都城，之后燕并吞了蓟，亦成燕国的都城，即方国和战国时期燕国的政治、经济、文化以及商业中心，形成一个地方以至一个国家聚集权力、人、财、物的大本营。城乡分割的二元结构就伴随着城乡差别，以至工农差别。在这差别中，农村、农民是弱者，在封建社会制度下，农村、农民是处于压迫、被剥削、交赋税、出劳役、供养城市的最底层。新中国成立后的社会主义社会制度使他们成为了国家的主人翁，享受着城乡一样当家做主的权力与民主。但在一定时期内，由于国家底子薄，人口多，社会主义建设的起步仍然是恢复农业、发展农业，为工业兴起积累原始资本。

城乡差别主要表现在：产业建设投资重点在城市的工商业，社会性投资重点在城市基础设施建设，而社会福利事业及公共服务业等，对农村、农业的投入与城市相比仍相差甚远。农业虽被视为国民经济的基础，但对农业的投入远不如工业，对农民的关照也远不如工人。但随着改革的深化和国家经济的快速发展，城乡统筹问题便逐渐提到议事日程。1993 年 4 月，北京市城乡规划工作会议即提出"引领城市建设从市区向远郊区转移,加快卫星城镇和工业小区建设;引导市区建设从新区开发向调整改造转移";1997 年 2 月 17 日在《市政府工作报告》中提出"富裕农民奔小康"的任务;2000 年 12 月 17 日,市委、市政府下发了《关于进一步加快小城镇建设,推进农村城化进程的若干意见》;2004 年 2 月 16 日,《市政府工作报告》中强调"离开农民的小康就没有全市的小康,离开郊区的现代化就没有首都的现代化。必须统筹城乡、区域和经济社会协调发展,促进农民增收。"2006 年 7 月 6 日,市政府在社会主义新农村建设工作会议上提出,要从"城市政府"转变为"城乡调发展的政府"。到"十一五"末,北京城乡一体化制机基本建立,农村经济、社会等各领域得到了全面发展,城乡在公共服务、人口素质、生活质量、基础设施以及环境建设等方面的差距缩小,农村城镇化进程加快。到 2010 年:北京农村城镇化综合实现程度达到 84%,农村小城镇人口比重达 53.4%,全面小康综合实现程度为 93.2%,农村居民恩格尔系数为 30.9,农民生活信息化程度达到 81.8,农村合作医疗覆盖率达 96.7%,农村养老保险覆盖率达到 92%。农村居民饮用自来水农户比重达 96.6%,使用清洁能源农产品的比重为 85.85%,享有卫生厕所的农户比重为 76.9%,均与城镇居民家庭居住情况接近(见《北京农村统计资料》2006—2010 年,即"十一五"时期)。农村村内道路硬化率达 99.19%,生活垃圾处理率达 95.57%,污水处理率为 68.42%,安全饮水达标率为 88.37%。图书室文化站普及率达到 93.94%;农村居民基尼系数为 0.30(达标)。

以上各项举措和实施结果(数据)都显示新时代农民对城市的期盼与依托,在党和政府的引领和操作下,京郊农民已成为城镇化的拥有集体资产的市民,而市民下乡成为了新兴的新式农民——农业企业家,农村则成为新兴的城镇体系的社区。城乡同享公共资源和社会待遇。

　　在漫长的封建社会制度下，农民难得受教育，一直被社会贬为"下愚"者，而只有那些地主、官僚、权贵子弟才有机会上学深造，被捧为"上智"。如今新中国社会主义制度下的农民和市民一样有平等上学与深造的好机会，一代又一代层出不穷的大、中专毕业生，以至博士生走向社会，成为"科技兴国、科学兴农"的栋梁和中流砥柱。即便是继承农业岗位的，到 2010 年其受教育年限也已达 10.28 年，大、中专毕业生也占有一定比例，成为了都市型现代农业的创新、创业骨干！

第二章　北京农业的发端
与商业化演进

一、北京农业的发端

对人类来说，只要运用工具和劳动即可获得更多的食物，而食物之"母"可再生之业即为农业。但因劳动形式的不同，农业呈现出质的差异。在旧石器时期，人类利用打制的石器对自然再生产的食物进行采集，用渔猎方式去获取，而没有付出种植植物和饲养动物的劳动。学界普称采猎业，亦有称之为"前农业"——相当于现代山区人们所从事的"小秋收"，上山采收可用的野生植物产品。直至新石器的发明与应用，结合火的使用，北京地区"东胡林人"和"转年人"于一万年前即开始"刀耕火种"的原始农业——这是最原始的自然再生产与经济再生产的结合产业，这就是北京农业的发端，亦被考古学者称之为"中国北方农业的源头"。

北京农业发端时种的是什么作物？目前尚未见有上述两遗址发掘出土考证的史迹。但见"北京人"遗址中残留有烧过的朴树籽、紫蓟木炭、豆科植物和草本植物的种子（北京大学历史系，《北京史》，北京出版社，1985）。2013 年 11 月 5 日《北京青年报》刊登的《农作物里展现的北京进化的故事》中指出，在属于新石器中早期的"上宅"遗址出土的孢子粉中，经鉴定有粟、黍、和小豆属植物，房山区丁家洼遗址（春秋时期），则存有粟、黍、大豆、荞麦、大麻等农作物。

二、北京农业的商业化演进

1. 市场的开拓　农业的商业化演进，有两个标志：一是意识市场的开拓，有物无市流通不畅，交换或供需难以对接；二是发展经济型农产品及其加工品。自古以来，粮食是事关民生的基本生活品，是求温饱的生命元。因此，粮食生产一直被人类抓得很紧。直到新中国诞生之初，毛主席仍谆谆告诫人们，"农业是国民经济的基础，粮食是基础的基础。"在三年困难时期，他提出："以粮为纲，全面发展"，以解决人们的吃饭问题。农产品中只有粮食是既一般又特殊的产品。说其一般，是因为世界上无国不种粮，世人餐桌上无处不以粮制品为主食；说其特殊，是因为在农产品中粮价相对最稳定。因此，近代史学家在写到北京近代史中农业商业化时几乎都以经济作物，如蔬菜、棉花、花卉、果品及油料作物等的发展程度来论及农业的商业化演化。美籍黄宗智先生于民国前期在中国调查了 33 个村庄社会经济轮廓，将当时每个村经济作物占播种面积 10％以下者的称为商业化较低的村庄；经济作物占播种面积 10％～30％的称为中等商业化村庄；经济作物占播种面积 30％以上的称为高度商业化村庄。在调查的 33 个村庄中有 6 个是北京地区的，其中，昌平的阿苏卫、平谷的胡庄两村属于"商业化程度较低的村庄"；平谷大北关（棉花占 11％）、顺义沙井村（大豆占 16％）、通县小街村（棉花占 27％）、密云小营村（花生占 10％）被列为中等商业化程度的村庄。本节中所论"北京农业的商业化演进"即以经济型农产品及其加工品经营为主线进行探索。

北京农业在市场牵动下，商业化演进历史悠久，足迹清晰，成效卓著。据考古发现，早在周口店龙骨山"山顶洞人"时期就出现交换的萌芽；在房山区琉璃河镇出土的古燕都遗址中出现有遗存的贝、蚌壳等原始货币。据此，史学界推测"古燕都已出现了原始商业"(齐大芝,《北京商业史》,人民出版社,2011)。到战国时期,燕都蓟城已有定期的集市,并流通着燕国自制的"明刀币",出现了货币交换,市场上交易的大部分是农副产品:黍、稷、稻、麻、枣、粟、马匹、薪炭、山货等。蓟城成市使农产品商贸繁荣,蓟城便成为战国时期的"天下名都"之一。到西汉时期,蓟城成为北方地区性商贸中心,而闻名天下;东汉时被称"燕蓟之饶"。隋唐时期,幽州城及其附近地区人口增至40万,市人消费随之大增,顺势而为,幽州城内商业出现近30个行业,其中经营农产品的有米行、油行、肉行、菜行、薪炭行等,并都十分活跃。到元代泰定四年,大都城的人口达95.2万,形成了一个莫大的消费需求市场。据史料记载,当时大都城设有几十处专营某类商品市场,与农业有关的市场也是五花八门:有米市、面市、饼市、鸽市、菜市、羊市、马市、驴骡市、猪市、鱼市、果市、花市等,丰台花匠每月逢初三、十三、二十三都赶车到花市卖花。元代大都城郊设有定期的集市,一直比较兴旺,"俨然世界的商业中心","百货流溢,宝藏丰盈","人生日用所需,精粗必备";到明代万历年(1573—1620)间,京城已出现132行业,宛平、大兴二县也同样存在这132行业,说明当时城乡间商贸是相通的。据万历十年(1582)统计资料显示,北京地区的私人工商业户达34 000户,占当时工商业店铺总数的86%。京郊县城及乡村集市也都店铺林立,"天下士民工贾,各以牒至,云集于斯","市肆贸迁,皆四远之货;奔走射利,皆五方之民"。到清代,圣祖提出:"通商利民,以资国用"及"恤商裕民"。光绪二十七年(1901)实施新政,提出"商务为当今要图""凡有益于国、有便于民者,均应随时兴办,以植富国之基"。据史料显示,清代商贸市场大为开拓。据《京师总商会各行商号》统计,清末北京商业已有40个行业,4 541家店铺。除了各种专业农产品市场与菜市外,京城与农业有关的食品业就达20多家。在农贸市场上还加强了中介管理——如京城附近所产的蔬菜上市，必须到领有官府所发的牙贴的菜行销售，这是明代延续下来的。

京城人喜玩花鸟鱼虫，清代相应开辟了花鸟鱼虫市场，来这里经营的多为乡下农民的副业产品。

清代晚期商业十分发达，遍及九城大街小巷的大小店铺"约有千家以上"，"行业齐全，种类繁多，为市民生活所必需"。光绪二十九年（1903），京城兴建起东安市场，成为晚清京城商业发达的佐证。当时有《竹枝词》赞道："新开各处市场宽，买物随心不费难，若论繁华首一指，请君城内赴'东安'。"

到民国初期，北平有批发市场 12 个，其中粮食、食油、猪肉、蔬菜、干鲜菜及果品等 6 个市场由城四郊或远郊区供货经营。当时远郊 10 个县有商铺 2 001 个，有店员 11 515 人（表2-1）。

表2-1　远郊县商铺统计

县名	商铺数	资本额（万元）	店员人数（人）
通县	310	28	2 224
昌平	188	41	1 058
平谷	59	11	321
怀柔	48	5	145
顺义	134	12	710
密云	153	8	1 085
良乡	37	19	244
大兴	161	25	800
房山	595	173	3 430
宛平	316	32	1 498
总计	2 001	354	11 515

资料来源：曹子西，《北京通史》卷9：203，1994.

到 1935 年，北平商业行业由清末的 40 个增加到 92 个，商铺有 1.2 万家 [《冀察调查统计丛刊》卷一（1.3），1936]；到

1949 年，全市商业行业 128 个，有商铺 7 万余家（《北京市综合统计》：23），比清末行业增加 2.2 倍，商铺增加 14.6 倍。

新中国成立后的 30 年中农产品均由国家统派购并包销。改革开放后，农业生产以市场为导向，逐步走上"产、加、销"一体化、"贸工农一条龙"的经营之道，城乡市场繁荣昌盛。如今的首都市场城门大开，广纳天下商贾，依规从商，放开搞活。

2. 以发展经济型农产品为先导 市场是伴随着城市的发展与繁荣需求而产生的，农业适应需求是市场营销的本质，而京城的消费需求与提升是伴随着其性质与地位的演进而与时俱进的。北京城市发展史有 3 000 多年，其京畿农业的商业性演进史也就有 3 000 多年，如今进入市场决定其兴衰。在过往 3 000 多年中，北京农业商业性演化的抓手突出表现在经济型农产品的生产与营销方面，这是今人对过往农业商业化认识最直观的事实。

北京古代农业商业化演进的实践除了城市的拉动与商业发展外，还有很早就发展起的"细粮"与蔬菜生产，以及畜牧业生产等，这些都是商业性强的农产品。

(1)"细粮"的种植 在求温饱时期，细粮即指大米、白面，是富人的口福，农民只种而吃不起。

相传神农氏"教民种植五谷"，其中有"稻"即"黍、稷、菽、麦、稻"。有文字可查的是西周时，今房山区的长沟镇地区始种稻（见《京畿古镇长沟》续集）。本地区历史上种植小麦至迟在东汉时期，今顺义区境内存东汉渔阳太守张堪庙，记载民间传颂张堪为政"麦穗两歧"。从史料传承看，原始农业时的麦是大麦、燕麦，这时的麦是小麦。从此之后所讲的"五谷"即是黍、稷、菽、麦、稻，随着社会经济的发展和城市的扩大，地位的提升，"五谷"在种植结构中也渐进地发生着变化（表 2-2）。

表 2-2　京畿细粮生产迁升

新石器时期	商周时期	春秋战国时期	秦汉时期	魏晋南北朝	隋唐时期	辽金元时期	明代	清代	近代	现代
粟	粟	粟	粟	黍	粟	粟	小麦	小麦	玉米	玉米
黍	黍	黍	黍	稷	小麦	小麦	稻	稻	小麦	小麦
菽	菽	菽	稷	稻	稻	稻	粟	玉米	稻	稻
	稻	荞麦	稻		胡麻	高粱	黍	粟	粟	粟
		麻	小麦		豌豆	菽	菽	黍	菽	菽
方国都城			北方军事重镇			中华国都				

———————— 京城性质的变迁 ————————→

注：据史料设制。

北京农业的发端与基本走向是遵循"世界大同"的，即历经原始农业、传统农业和现代农业及其一般规律与法则。但因其所处的社会属地不同和所承受的历史使命不同。京畿农业不只是农民自给自足的产业，还同时承担着供养城市生机与发展的责任，而这种天责随着城市性质的提升和消费水平的提高不断加强。总的来看，京畿农业的价值走向是受城市性质约定的。在封建制度下，京畿农民承担着自给自足与服务城市的职责；在社会主义制度下是"服务首都，富裕农民"。其重要标志就是农业内部结构向城市化演变，或曰商业性质演化。而这种演化"经常是有生产某一些产品过渡到生产另一些产品"（列宁，《关于农业中资本主义发展规律的新材料》，1915）。

俗话说：民以食为天，食以粮为本。粮食在什么时候都是国民生活中最基本的食物。而在生活实践中，人们公认小麦面粉与稻米适口性好，加工产品花样多、商业利润比较高，受人青睐。到清朝时期小麦和稻米被称为"细粮"，而那些黍、稷、高粱、荞麦等适口性差被称为"杂粮"。在生产水平尚较低下和广大农民追求温饱的时代里，杂粮作物易生长，产品价格比较低，人食比较耐饥。因此，在古代很长时期都以种植、饮食"杂粮"为主，只因城市需求而配以种植"细粮"等。随着古都北京城市规模与性质的不断提升，京畿粮食作物种植的种类与结构而不断变化。从表 2-2 中小麦、水稻两种"细粮"作物在种植结构中排序的提升，即可看出自古以来京畿粮食生产城市化的走向。尽管在漫长的封建社会，农民一直处于追求温饱而以杂粮为主的状态，而与其相比，城市集聚着饱享俸禄的官宦、以赚钱为业的商贾、护卫安全的驻军以及大批小手工业者等，其消费水平相对农民高得多。城市的"高消费"一直是相对存在的，这既是京畿农民得天独厚的获利空间，也是区别于一般地区农民所肩负的天职，因此，随着城市人口的扩增与城市的繁荣，细粮生产不断扩大，到明、清时排在前一、二位。

(2) 蔬菜是京畿农业服务城市的重要农产品　粮食虽为"食本"，但其既便于贮藏，又便于长途调运——大运河贯通后南方大米可直达北京。而鲜菜亦称"水菜"长途运输就太不方便了。对只追求温饱的封建时代的农民来说，通常饭桌上用于提味的咸菜，或是荒年（缺少粮食）的"代食品"，而在城市里，蔬菜则是市民生活中不可缺的副食品或调剂品。而水菜的价格也不低。城市需求、又有赚钱空间，京畿农民便以经济作物相待而以产业性种植。随着城市人口的增加，需求的扩大，京畿蔬菜生产由副业逐步走向产业，零星种植逐渐走向具有一定商品规模的专业户，甚至专业村。从秦汉时期起，京畿地区大规模蔬菜栽培事业兴起，从广安门到宣武门、和平门等地都出土分布密集的陶井，除供人们饮水外，可能主要是为灌溉菜园而凿。北魏时，在"计口授田"中"十五岁以上的男女，每人分给 1/5 亩菜田。"（张平真，《北京地区蔬菜行业发展史》，中国农业出版社，2013）幽燕地区的近郊，"选良田 30 亩（1 亩＝1.016 市亩）作为商品菜的生产基地"。金中都城的四郊即出现菜地，所种蔬菜种类繁多。到清代，除了官方开辟有大面积的菜园（每园 180 亩），共立 93

处、66 420 亩外，京城四郊都还有民间菜园，连昌平、通州、怀柔、密云和房山等远郊地区也设有大小不等的菜园。

从元代开始系统探索蔬菜的周年供应问题。当时的主要途径有 3 条：一是通过保护地栽培，弥补冬春季的蔬菜供应。关于北京地区蔬菜保护地设施栽培的历史《汉书·循史传·召信臣传》称："太官园冬生葱韭菜茹，覆以屋庑，昼夜爇（音燃）蕴火，待温气乃生。"明代《帝京景物略·城南内外·草桥》记载道："其法自汉已有之。汉世大（太）官园冬种葱韭菜茹，覆以屋庑，昼夜煖爥，菜得温气皆生。"之后日臻完善，由"温洞子"→温房→玻璃温室、搭配阳畦→新中国成立后陆续兴建起塑料大棚、大型玻璃温室→砖墙塑棚结构的日光温室（具有节能环保、增保温特点）→大型自控温室等多种形式的保护地栽培，真正做到耕作机械化，调控自动化、四季生产、周年上市，保证市民一年四季吃上鲜嫩蔬菜。二是选用耐热品种，作为"主菜园"，弥补夏淡季的蔬菜短缺。三是选用耐寒品种、结合不同播种方式及排开播种时间等综合措施，以尽力延长周年供应时间。为了应对市民对蔬菜不同品种的需求，到魏晋南北朝时，蔬菜品种发展到50～60 个，到元朝时达 140 种，到明清时期则达 208 种之多。当今蔬菜生产品种达千种以上，且聚集着世界各地名特优新品种，普及到百姓餐桌（图 2-1）。

到明清时期除了进一步完善和扩大上述蔬菜周年供应的措施外，还大力发展自然冰窖来贮藏蔬菜。

流通蔬菜是生产持续发展的重要管道。这条管道自古以来由两个环节组成，一是集市，从春秋战国时起，蓟城内已有专门商贸集市——是城（市民）乡（农民或商人）对接进行交易的场所；到唐代，幽州城北部设有固定的商业区称为"幽州市"，市内分设三十个行业摆摊设铺进行交易；辽在南京，除了城北有市场，"膏腴蔬蔌、果实、稻粱之类，靡不毕出"外，各州县都设有自己的市场或集市，让农民就地交易；金城乡市场繁于辽代，

表示现代蔬菜品种数量较以往变化太大

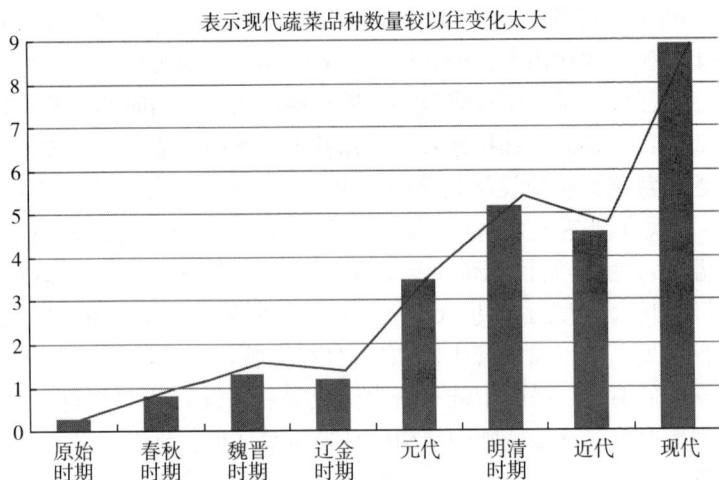

图 2-1 京畿蔬菜生产品种扩增

由本地区产的蔬菜、肉类、果品充实市场，十分红火；元代大都城内出现几十处专营市场，其中就有菜市，城郊集市一直比较兴旺，且四时交易不同产品。《析津志辑佚·物产》中讲道："那时时令蔬菜瓜果和鲜花，都是本地的菜畦、花圃、果园所种莳，或野生于山间郊外。"明代除京城、县城有集市、商铺外，乡镇也有了定期的集市，方便农产品就地交易。二是"牙行"，为了促进商品流通的正常运转，唐代的安禄山，在幽州地区设立"牙行"和"牙人"。"牙行"是以介绍买卖成交为手段来赚取佣金的行业，"牙人"专指牙行中的经纪人。到了明清时期，北京地区控制蔬菜市场交易事务的蔬菜牙行、牙人便兴盛起来，一直延续到民国前期。新中国成立后，北京市成立蔬菜公司，街道遍布蔬菜店铺，从事蔬菜流通与经销。

纵观北京地区古今蔬菜生产、经营的发展史，因其是城乡人们生活不可或缺的副食品，在农产品中它对市场的影响力与敏感度仅次于粮食。对于农民来说其利润率则高于粮食。因此京畿蔬菜产业的发展是古代都市农业孕育与演进及农业服务城市的重要标志。

（3）**南果北种** 据统计，我国城镇居民人均水果消费量为46千克（我国农村为20千克），远低于世界人均水平的61千克，发达国家人均消费量83千克，发展中国家也达到55千克，而美国已达125千克。影响居民水果消费能力的因素主要有三点：①水果消费能力随着城市化的加速而不断提升；②水果消费能力的提升随着经济发展，人均购买力的提升而提升；③居民对健康消费意识不断提升，水果消费量将随着饮食结构中水果消费比重的提升而不断提升。《中国食物与营养发展纲要（2014—2020年）》指出，我国要确保谷物基本自给、口粮绝对安全。《纲要》同时明确了食物消费量目标，到2020年，全国人均全年口粮消费135千克、肉类29千克、水果60千克。目前北京常住人口2 170.5万人，北京水果消费市场具有巨大潜力。

北京农业发展的定位是都市型现代农业，京郊农业不仅要为农业生产者带来稳定的高收入，还要为消费者提供安全、优质、功能化、多样性和个性化的农产品，提供美好的生活环境和旅游、观光、体验、文化、休闲的场所。近年来，随着京郊都市型农业的发展以及市民生活水平的提高，农业在观光休闲、采摘体验、科普教育等方面发展迅速。2015年，北京有农业观光园1 319个，接待游客1 339万人次，实现收入达18.6亿元。如：大兴区长子营镇"呀路古热带植物园"以种植热带亚热带果树为特色，为南果北种示范展示基地，2015年接待游客20万人次，实现门票收入超1 000万元，被北京市旅游委认定为AAA旅游景区，被北京市科委认定为科普教育基地。

"一骑红尘妃子笑，无人知是荔枝来"，我们的前人要吃上新鲜的岭南佳果是多么的艰难，就算是今天有发达的交通工具和物流水平，要吃上高品质的南方水果也不易。由于贮运的关系，目前北方市场的大部分南方水果在产地采摘时也没有充分成熟，其品质和口感也较差，无法满足高端市场巨大需求。

《晏子春秋·内篇杂下》："橘生淮南则为橘，生于淮北则为枳，叶徒相似，其实味不同。所以然者何？水土异也。"与北方果树相比，生长于热带、亚热带地区的南方果树生长发育需要特殊的环境条件，包括光照、热量、水分、空气、地势以及土壤等方面。我国北方的自然环境条件与南方存在很大差异，在自然条件下，热量、水分等条件不能满足南方果树的生长要求，随着农业技术的进步，尤其是设施农业的发展，这一说法被彻底颠覆。1999 年北京市农业技术推广站开始进行南方果树在北方设施种植的试验研究，经过三年的试验摸索，2002 年种植番木瓜获得成功，从此拉开了"南果北种"的序幕，打造了京郊都市农业的新亮点。目前北京有设施面积 35.5 万亩，设施类型多种多样，可满足不同南方果树品种环境要求，为南果北种提供了广阔空间。

北京设施种植南果在温差、光照等条件上具有一定的优势，为生产出高品质果品奠定基础。一是具有充足的光照条件，光照主要影响果实色泽、风味和营养物质，如在果实成熟时，光照好，果实中含酸量下降，糖分增加，与南方阴雨绵绵的气候相比，北方干旱的气候条件下光照更好，更有利于提高果实品质；二是具有较大的昼夜温差，昼夜温差大的地方，果实含糖量高，北方昼夜温差明显大于南方，有助于果实品质提高；三是设施内可以控制合适的土壤含水量，果实成熟期，较为干旱的土壤环境更有利于南果品质的提高，而南方雨水较多是影响其水果品质的主要因素之一，设施生产可以控制的土壤含水量，为南果的高品质生产提供了保障。

随着北京设施农业的发展，先进的农业生产技术和配套设备大量应用于农业生产。如土壤改良技术、设施温湿度调控技术、水肥管理技术的应用日趋成熟，为设施南果技术的研究提供了技术保障。不断改良的温室结构，以及自动化喷雾设施、通风降温设施的推广应用，为"南果北种"提供了基本的环境保障。北京市农业技术推广站的技术人员将这些先进技术和设备充分整合应用于北方设施南果栽培技术的研究与推广。同时，与海南、广东等地的果树专家进行合作，不断研究形成适合北方设施的种植密度、控制树体、调整花果期等管理措施，在北方地区进行推广应用。

从 2003 年，开始北京市农业技术推广站从我国南方陆续引进各类热带亚热带果树 36 个。经过多年持续不断的试验研究，根据各品种的观赏性、相对耐寒性及效益性，率先提出和制定了一套南果引进评价指标，对引进品种进行了评定，筛选出适宜在京郊设施种植的树种 13 个，包括：番木瓜、番石榴、番荔枝、火龙果、台湾青枣、杨桃、枇杷、莲雾、香蕉、菠萝、西番莲、柑橘和黄皮。目前在全市 13 个区 60 个示范园区（户）推广种植，种植面积 600 多亩。部分园区可做到一年四季有花可赏、有景可观、有果可摘，并取得了每亩 4 万多元的经济效益。"南果北种"在我国北方地区呈蓬勃发展之势，目前天津、河北、山东、山西、内蒙古、新疆、辽宁、吉林、黑龙江等地正呈快速发展态势，对丰富北方设施种植品种，尤其是丰富北方水果冬季采摘品种，促进农业观光发展具有重要意义。

（4）面向城市的畜牧业比较发达且具特色 北京大学王东、王放先生在《北京魅力》（北京出版社，2008）中指出"北京地区是狗与猪驯养的发源地"，"马、牛、羊、鸡的驯化也与背景所在的 Y 形地带有较为密切的渊源关系"。据考古出土的史料显示，"北京周口店是狗驯化过程的真正最早发源地"。狗远祖：一种是中国鬣狗，猿人洞中遗骸 2 000 副以上；二是变异狼和学名叫"北豺"的北方小狼。

在 50 万年前，"北京人"与野猪形成共存关系；30 万年前，"北京人"与野猪开始形成比较密切的驯化萌芽关系；距今两三万年前的"山顶洞人"开始对猪的驯化过程。到距今 1 万年前农业的出现，畜牧业也相继出现。至夏商时期，北京地区的人们已过着以农业为主的定居生活。同时，饲养牲畜，以养马为善。《左传》晚公四年云："冀北之土，马之所生。"甲骨文中有卜辞："贞，晏乎取白马氏"，并以白马作为向商王朝交纳的贡物。这里的"晏"即后来的"燕",且同地。到西周时,这里则放牧牛、马、羊、畜,养狗、猪,而马是燕人放牧的重要牲畜,主要用于军事及牧羊。燕文候时有"车七百乘,骑六千匹"之说。并盛产"燕牛筋角"。《周礼·职方氏》云:"东北幽州,……其畜曰四扰",汉郑玄注:"四扰,马、牛、羊、豕"。到元代,畜牧业已有很大发展,饲养的牲畜主要是牛、马、羊、骡、驼、驴、猪等。其中以养马为盛,大都路养马近10万匹,平均2、3户就养马1匹。除了官营牧业外,私人畜牧业也有发展,畜牧业就元大都地区农业中占有相当重要的比重。马主要用于军事,牛既是役畜,又是肉食之物;羊、猪就是用于肉食供应市民。明代北京地区的畜牧业以养马为首。明政府明令北京地区的土地一半用于农田,应差征粮,一半为牧业,免租养马,京畿各县都分有养马任务。大兴、昌平等10个远郊县共养12 666匹马。北京城九门之外共设有大小牧马草场57处,东直门外的郑坝村(今东坝)一带为御马苑,专门饲养御马,"大小二十所,相距各三四里,皆缭以周垣,垣中有厩,垣外地甚平旷,自春至秋,百草繁茂,群马畜牧期间。"(见《大明一统志》)清代,养殖业更加丰富多彩,不仅养殖马、牛、羊、鸡、犬、猪,还盛养信鸽、金鱼、玩虫等。清代后期开始,开始引进荷斯坦奶牛,为皇家和市民提供鲜奶。

新中国成立之初,由于底子薄,农业处于恢复性发展,一度存在"吃肉难""吃蛋难""订奶难"的问题。经过一段恢复发展,在市委、市政府的领导下,有计划地采用现代技术和物质装备,发展现代化养殖业,引进和培养畜禽良种,建设规模化养殖场,开展科学饲养和机械化或半机械化操作。从20世纪80年代起基本解决了首都副食市场上列"三难"问题。

(5) 花鸟鱼虫的经营 花鸟鱼虫是京畿都市农业演进中的亮点,城市美、庭院美、居室美中最具生灵与生气的莫过于花鸟鱼虫的装点。它们不仅具有生灵活现的生物美,而且更透出无限的生机、生灵。如牡丹象征富贵，蜡梅象征慈爱、温文尔雅，蝴蝶兰象征清纯；信鸽象征和平、友谊；玩虫给人以愉悦等。自古以来城市以花茗园，以鸟迎客，以虫取兴。而这些装点之物源于乡村，为农业平添了都市色彩。

京城种花名园有迹可查的是从辽代起，肖太后营造了"下花园"。至迟从辽代起，京城开始种花植园，从明清起丰台十八村陆续成为北京的"花乡"——从种花专业户→专业村→地域性的花乡，其中起步最早要算草桥村。这里"方十里，皆泉也。……土以泉，故宜花，居人遂花为业。都人卖花担，每辰千百，散入都门。"时人可按季节买到自己喜爱的花，至今已有700多年的历史。《日下旧闻考》云："草桥众水所归，……十里居民皆莳花为业。有莲花池，香闻数里。牡丹、芍药栽如麻。"当年乾隆皇帝在游览花乡之后吟道："冬雪春霖今岁好，嫣红姹紫看夹道。"这里曾给后人留下十大名花：月季、芍药、白兰花、菊花、石榴花、碧桃、桂花、茉莉花、一品红、梅花。如今的草桥村继往开来，推陈出新建立起"世界花卉大观园"，吸纳国内外名特花卉1 000多种，展现出花王国的今古奇观，招来八方游客熙来攘往。

新中国成立后，花与园林建设并齐。进入21世纪以来，花卉已成为都市型现代农业中一项集群产业，京华大地随处竟显花簇锦束。据2014年8月23日报道，2013年全市花卉生产面积达8万亩，年产值达13.47亿元。全市有花卉市场40个、花卉零售点1 500个，花卉生产企业280个，市场销售额达100亿元。借助花卉产业，促进了花卉文化旅游的发展，近4年来共接待游客1 150万人次。自2009年以来，共培育出40余个具有自主知识产权的新品种，其中有12个新品种通过了国家新品种保护初审。2014年在新中国成立65周年大庆时为天安门增绿添彩。

养鸟是北京城里一大乐事。但从什么时候开始尚不得其详。

见于文字记载的莫过于清代为盛，时养鸟有八哥、画眉、百灵、黄鹂、鸽子，还有玩鹰的等数种。其中以养鸽子的比较普遍。因为鸽子比较皮实、好养。养鸽有三种功能：一是通信，以传递信息，是和平的使者；二是放飞取乐；三是亦可食用。北京养的鸽子从体表羽毛的颜色分有白、黑、灰、蓝、紫五种。就品种而言有 50 多个（余钊，《北京旧事》，学院出版社，2005）。而清末光绪年间富察敦崇著《燕京岁时记》中记载"当时京师的鸽子品种 39 种。""寻常者有点子、玉翅、凤头白、两头乌、小灰、皂儿、紫酱、雪花、银屋子、四块玉、喜鹊花等。"到 20 世纪 80 年代，京郊不少乡村引养美国"落地王"、法国"落地王"等肉鸽良种，并发展起一批肉鸽场，形成鸽产业。

保护鸟类也成为北京人的天职，每年都要举办"爱鸟周"活动。

鱼有两类：一是食用鱼。北京地区古代河湖沼泽遍地，"北京人"及其后生以采集与渔猎为生，直至新中国成立前，地产鱼类几乎都是由荷塘捕捞野生鱼类。其名产鱼类有房山地区拒马河的比目鱼、多鳞铲颌鱼及昌平沙河的鲤鱼等。新中国成立后到 20 世纪 70 年代，基本上是以水库放养捕捞为主。从 1973 年开始到 1990 年，全市建设商品鱼基地 12 万亩，政府累计投资 5 487.3万元。到1995 年，池塘养鱼总产量74 617 吨，解决了市民"吃鱼难"的问题。二是观赏鱼——主要是金鱼。金迁都北京（时称中都）时，在今崇文区（2010 年 7 月 1 日，崇文区正式撤销，与东城区合并）金鱼池一带，"居人界而塘之，柳而覆之，岁种金鱼以为业。"（《帝京景物略》）《北京市志稿·货殖志》记载："北京城内之东南有金鱼池""周围约数里，地洼积水萍藻生焉""有鱼庄三家，曰知乐，曰永顺，曰金海，以知乐为最老，共有鱼缸二三百，鱼池十余，此外尚有无字号三家。例如，西单北大街、土地庙、隆福寺、白塔寺、天桥及东便门等处，各有鱼摊或鱼缸一二家，然其种色远不及金鱼池各家之多且美也。"

进入 21 世纪，观赏鱼已发展为一项新兴产业。通州、朝阳、大兴等区已形成集苗种繁殖、科技服务、养殖生产、市场贸易、出口创汇与旅游观光为一体的观赏鱼产业带。2013 年，全市观赏鱼养殖面积已达 1.5 万余亩，占全市渔业池塘养殖面积的 20％，年生产观赏鱼 1.8 亿尾，产值 1 亿多元。同时，北京的观赏鱼还出口到东亚、欧洲等地的 10 余个国家，年出口创汇 1 000 余万美元。在现今的都市型现代农业中真是"鱼得水"跳龙门。

玩虫也是市人一大喜好。蝈蝈，全身豆绿色，十分漂亮，清脆的叫声，令人神悦；蛐蛐，好斗也善斗，是一种很有生气的消闲取乐之活物。

花鸟鱼虫进入文玩市场之后，随着市场日益扩大，其资源在农村山场成为农村中的星火产业。密云东葫芦村从宋代就为京城提供铁蝈蝈玩虫，到如今仍在提供。2012 年全村铁蝈蝈收入即达 20 万元。

（6）观光休闲农业的经营——市人的乐园　观光休闲在古代民间是无意的。据现代研究表明，只有国民人均 GDP 达到 1 000～3 000 美元时，人们摆脱了贫困，总体进入"小康"生活阶段，才有追求回归自然、返璞归真的愿望和经济支撑。按照这个前提，在我国古代，仅皇家及官僚、地主、王孙贵族有这个资格，事实上他们也在实践着，京畿的花园、猎场、农田、水乡、莲池、山水洞天等无不是他们的休闲观光之地。丰台区花乡古称京城"南花园"，其花来自国内名品，官人或文人观后留有"相逢俱是看花客，日暮笙歌夹道回""一曲水环鱼藻绿，几肩花过石桥红"的诗句。通州潞河曾为水景，清代爱新觉罗·玄烨观后赋诗二首："潋滟春波散碧漪，白苹初叶麦初岐。潞河三月桃花水，正是乘舟荐鲔时。""东风吹雨晓来晴，春水高低五闸声。兰桨乍移明镜里，绿杨深处座闻莺。"大兴南海子为元、明、清三代皇家苑囿。明代李东阳游后留有"落雁远惊云外浦，鹰飞欲下水边台"的佳句。海淀区玉泉山一带泉水长流，曾为清代皇家贡米之地。泽地呈北国水乡，自然美景吸引骚人墨客。清代张祥和留有诗句："十里英蓉湖作镜，风烟不减段家桥。"孙楼有诗句曰："绿树莺声外，青山马首前。夕阳南北淀，仿佛太湖田。"明代王直以《京西稻》为题咏道："玉泉东汇浸平沙，八月芙蓉尚有花。……堤下连云杭稻熟，江南风物未宜夸。"京畿田园风光美。清代乾隆在京畿观平野麦田有感而发："平畴膏雨足，夏麦芄芄美。良苗将秀时，翠浪翻数里。朝曦淡以暄，珠露垂累累。缓骑昐绿畦，香风扇饼饵。"乾隆过海淀青龙桥时眼前一片稻田，便有感而发留下诗句："十里稻畦秋早熟，分明画里小江南。"山区景致别有一番风韵，金代章宗帝游览门头沟区妙峰山的樱桃沟后吟诗道："金色界中兜率景，碧莲花里梵王宫。鹤惊清露三更月，虎啸疏林万壑风。"产生于金代的"燕京八景"原称"燕山八景"，（见金《明昌遗事》）其八景是：太液秋风、琼岛春阴、道陵夕照、蓟门飞雨、西山积雪、玉泉垂虹、卢沟晓月、居庸叠翠。元代改为"燕台八景"：太液秋波、琼岛春阴、道陵夕照、蓟门飞雨、西山雾雪、玉泉垂虹、卢沟晓月、居庸叠翠。到清代康熙年间的《宛平县志》出现"燕京八景"并附定位：太液秋风（中南海）、琼岛春阴（北海公园）、金台夕照（金台路）、蓟门烟树（西土城）、西山晴雪（香山、八达岭）、玉泉钓突（玉泉山）、卢沟晓月（卢沟桥）、居庸叠翠（八达岭）。经乾隆于1751年钦定后，每景竖一碑，背面刻有七律诗一首。

其实燕京八景早已客观存在，唐代孟浩然有诗为证："蓟门看火树，疑是烛龙燃。"唐代高适咏居庸关路险关雄："绝坂水连下，群风云共高。"清代乾隆游卢沟桥有感："河桥残月晓苍苍，照见卢沟野水黄。树入平郊分淡霭，天气断岸隐微光。河声流月漏声残，咫尺西山雾里看。远树依稀云影淡，疏星寥落曙光寒。"乾隆咏"琼岛春阴"："艮岳移来石岌峨，千秋遗迹感怀多。倚岩松翠龙鳞蔚，入牖篁新凤尾婆。乐志讵因逢胜赏，悦心端为得嘉禾。当春最是耕犁急，每较阴晴发浩歌。"

古代亦有经历农田观光者，宋代范成大在京畿观西瓜园后留下诗云："碧蔓凌霜卧软沙，年年处处食西瓜。形模濩落淡如水，未可葡萄苜蓿夸。"元代方夔在观光采食后写下《食西瓜》："缕缕花衫沾睡碧，痕痕丹血掏肤红。香浮笑语牙生水，凉入衣襟骨有风"。

在旧社会，劳动者（农民）无意观景，只是务农，但权贵豪族们则有意造势与享受。因其少数成不了气候，观光休闲成不了一业。不过却存在他们可享乐的一分天地。

进入新社会，经过四十多年的艰苦奋斗，北京市人民于20世纪90年代后期总体进入"小康"社会，地区人均国内生产总值达到1 000美元以上。也恰逢其时，市民开始走出市井走向农村观光休闲。昌平区于20世纪80年代后期在十三陵首建观光果园，不久怀柔县（今怀柔区）建立以采摘桃、李和摸鱼垂钓为旅游产品的乡村情趣园。1988年，北京市农业技术推广站在小汤山建立"特菜基地"，种植国内外搜集来的名、特、优、新蔬菜良种400多个，并采用先进设施（引进法国大型温室）和技术进行栽培，集科研、生产与教学于一体。于2000年正式更名为"特菜大观园"，变身为观光休闲农业园。到1996年，京畿开始出现了农业旅游主题公园。其中有代表性的有昌平小汤山"灿烂阳光少儿农庄"、朝阳区"朝来农业园"等。1998年，全市召开了"观光农业研讨会"，副市长岳福洪做了"做好规划，强化管理，把观光农业的发展提高到一个新水平"的讲话，有力地推动京畿观光农业快速持续发展。到2010年，共有观光农业园1 303个，接待游客17 748 934人次，总收入177 958.4万元。农业观光园从业人员42 561人。实践表明，发展观光农业是一项可持续发展的城市化"阳光产业"。第一，它要求人们按照绿色无污以保障农业的安全性；第二，它把物质文化与非物质文化有效的结合于一体，使观光客可既饱口福，又饱眼福，心旷神怡；第三，对于经营者来说增值空间大，既可产品增值，又可观光增值，还可带动相关产业的发展；第四，观光农业是一种创意性产业，对经营的科学文化素质要求比较高，能促进经营者持续深造；第五，观光农业是一种柔性产业，它的经营规模可大可小，经营方式可多种多样不拘一格，产品在精不在糙，这种特点很能适应北京市农田越来越少、城市人口越来越多、观光休闲群体越来越大的形势，只要有农田、农地（包括林地、水面、湿地等）即可应对需求。

综上所述，京畿农业自古以来经历了两种既相互包容、又相互平行演进的取向。

①以发展生产力为主线的取向——从以石器为发端的原始农业→以铁器与牛耕为起点的传统农业→以机器为转折的现代农业——已经历了机械化、水利化、电气化、化学化的起步阶段正向着信息化、集约化、精准化、标准化与可持续发展方向迈进。

②以京畿农业价值取向——在封建社会时期，以农民（生产者）自给自足与供给城市为取向；进入社会主义社会时期，则以"服务首都，富裕农民"为取向。这两种取向的共同轴线是城市性质的牵动，城市对农业或农村的牵动源于两个方面：一是对农产品的刚性消费需求；二是城市消费对京畿农民、农业来说是一个"近水楼台先得月"的利润空间。列宁说"农民经济仍然是小商品生产"。因此，消费市场对他们具有吸引力。差异的鸿沟是前者的基础是私有制，生产消费的主体是农民自己。但受到城市的牵动以及必要生活用品、生产工具的添置都需要通过市场交易而获得。而社会主义社会的农民是以公有制为主体的农业生产者，在社会主义市场经济体制下，他们的产业发展是以市场为导向，他们又是社会红利的分摊者。现代农业的价值取向是面对市场，富裕自己。

在价值取向的诱导下，从北京建城（公元前 1046 年）起，京畿农业即向服务于城市演化，直至进入现代浮现出都市型农业。在城镇化的进程中，农民成了拥有集体资产的市民，农村在城乡统筹中转变为城市的社区。在城市化的进程中，截止到2014 年，全市已有 93 个村庄从全市 3 940 多个行政村中陆续脱颖而出，被社会公众评为"北京最美的乡村"，如同 93 颗珍珠闪耀在京郊大地上，绽放着"生产美、生活美、环境美、人文美"的光芒，是首都人民休闲度假的好去处，有效提升了市民的幸福指数，闪耀着新农村服务城市的现代文化氛围。

3. 水甘与滞后的商业性运作　常言道：水是生命之源，是农业的命脉。认真考究，水对人类及万物有利亦有害，而人类与水的关系一开始就有着趋利避害的主题。老子《道德经》曰："上善若水，水善利万物而不争"；《管子·水地篇》曰："水者何也，万物之本源，诸生之宗室也"；《淮南子·原道训》视水为"至德"："水可循而不可毁，故有像之类莫尊于水"。历史上的秦皇、汉武、唐宗、宋祖、清代的康熙、乾隆其"盛世"局面，无不得益于对水利建设的重视及其成效。农业用水靠三源——大气降水、地表水及地下贮水。究其正源当是大气降水，积存地表水——聚众成湖河，下渗成地下水。就局地而言，其降水来自本地空间大气降水；其地表水和地下水来源一是本地降水，二是域外境流。总之，水是从天上来，地中贮，因此，在近万年的农业用水中，水一直是无价白用的资源。这大概是因水是天然产品，农用水又源于降贮在农村大地上，农民用水又是自取无交换。在丰水期政府兴修水利是出于公益，这种状况一直延续到 2000 年。受 1972 年以来连年干旱的影响，出现水资源匮乏，全市人均水资源只有 100 米^3，远低于国际公认的 1 000 米^3 的底线。为激励农业节约用水，从 2000 年以后，农业用水实行定额管理，超额用水收取水资源费。这是农业用水商业化的起步。从 2005 年起建立起用水先缴费、取水有计量、用户都参与的良性运行管理机制。由此，农业用水进入商业性运作的新常态。农业节水灌溉随之进入快速发展期。农业用水量由 1991 年的 21.52 亿米^3 减少到 2010 年的 11.38 亿米^3，到 2014 年则下降到 7.5 亿米^3，水的利用效率则由 20 世纪 70 年代的 0.30 提高到 0.71，每方水产粮则由 0.5 千克提高到 1.5～2.0 千克，足见农业用水商业性运作的成效。

(1) 大气降水 据颜昌远《水惠京华》一书记载，1956—1995 年，全市多年年平均降水量为 595 毫米，再向前推全市年平均降水量为 644.2 毫米。前者相当于亚洲陆面平均降水量 740 毫米的 80%，相当于全球陆面平均年降水量 800 毫米的 74%。自 1724 年（清·雍正二年）至 1995 年的 272 年间，最大降水量 1 406 毫米，最小降水量为 242 毫米，彼此相差近 6 倍。

(2) 地表水 北京市的地表水包括境内（16 807 千米^2）的产水量（径流量）和境外流入量。

——境内水量，多年平均年境内水量为 21.78 亿米^3（径流量）。主要是潮白河、北运河、永定河、泃河和拒马河支流大石河等。

——入流水，多年平均年入境水量为 17.07 亿米^3。主要通过永定河、潮白河、泃河上游境外流入北京市。

(3) 地下水 1961—1984 年北京市地下水多年平均年补给量为 39.51 亿米^3/年，其中平原区为 29.61 亿米^3，山区为 17.14 亿米^3。

(4) 水资源总量 据 1989—1991 年普查，全市一次性水资源问题多年平均为 62.80 亿米^3。其中：地表水量为 23.0 亿米^3，平原降水入渗补给地下水 13.03 亿米^3，山区侧向补给平原地下水 6.27 亿米^3，外省入境水量为 20.50 亿米^3。

追古忆昔，岁月蹉跎，沧海桑田。在二三百万年前北京地区还是一片汪洋大海的一角，北京小平原是一片海底世界；直至 2 000 多年前，北京小平原还是泽地千里，水乡泽国；到 20 世纪 60 年代，河湖沟渠塘还水脉荡漾，地下水位不过一两米深，湿地斑落多有可见。

可见历史上北京地区曾是丰水区，北京城是因水而建，因水而兴。

新中国成立后，为了聚水为源先后修建起 88 座水库，总库容 93.77 亿米^3。尚存有流域面积 10 千米^2 及以上河流 425 条，总长度 6 413.72 千米；流域面积 50 千米^2 及以上河流 108 条，总长度 3 619.00 千米；流域面积 100 千米^2 及以上河流 59 条，总长度 2 712.33 千米；流域面积 200 千米^2 及以上河流 29 条，总长度为 1 839.36 千米；流域面积 500 千米及以上河流 13 条，总长度为 1 195.59 千米；流域面积 1000 千米^2 及以上河流 9 条，总长度 973.65 千米；流域面积 3 000 千米^2 及以上河流 2 条，总长度为 431.66 千米。

以上河流分属蓟运河水系、潮白水系、北运河水系、永定河水系、大清河水系。

湖泊有常年水面面积 0.10 千米^2 以上及特殊湖泊 41 个，水面总面积 6.88 千米^2，全部为淡水湖。

北京历史上果真是"水养育人，人亲近水，水聚成景"，人融于水景中，达到天人合一的境界。

在青铜时代以前，这里曾是水网纵横、湖泊密布；在燕王分封、蓟城兴起直至明清这漫长的历史时期内，平地流泉，河网密集，湖泊星罗棋布，其优良的水源和水利条件仍是吸引诸多王朝在此先后封侯建都的因素之一。如今干涸浅涩的永定河在辽金以前曾碧波荡漾，拥有"清泉河"的美名。三千多年前的蓟城，依托着莲花池（湖）水系，自然地发育起来，直到金朝在此建都，整个城市的水源供给都没有离开过这一水脉。

从 1972 年出现大旱年头起，受厄尔尼诺的影响，大气降水持续低于历史上常年平均降水量。"天大旱，人大干"。为了保证农业持续发展和农村生活及社会用水，1972—1977 年的 6 年内，全市共打机井 36 667 眼，到 1977 年年底，井灌面积达到 22.36 万公顷（335.43 万亩），到 1995 年年底全市共有农用机井 44 611眼，灌溉面积达 25.3 万公顷（379.42 万亩），到 2010 年年底，全市郊区共有机井 45 309 眼。就总体而言，从 1972 年以来，京郊农业用水几乎全靠开采地下水灌溉，结果造成地下水位快速低落，由一至几米深降到近百米甚至一百几十米深，出现上千千米^2 的"地下漏斗"，这主要是由大气降水锐减和过量开采利用所造成的。

在战国时期北京地区即已出现陶井。1956 年，在永定河引水过程中，发现了 150 多眼陶井。之后相继在今陶然亭、清河、蔡公庄和宣武门豁口等地都有发现同期陶井。其时打水工具是桔槔。1965—1972 年在古蓟城所在的南城一带，发现有东周至西汉早期的 65 座瓦井；1975 年在丰台区大堡台发掘到金代砖井；到明清时期的水井遗迹在北京地区城郊比比皆是。这表明北京地区凿井历史的悠久与连续性。之后，打井取水一直延续至今，只是打井的物料在演进：由陶井→砖井→砂管井→钢管井；其打井方法由人工挖井→锥子打井→机器打井；取水工具由桔槔→辘轳（提水）→机械抽水；用途由解决人畜饮水及园田浇水→农田灌溉。

(5) 水的治理与利用　人类最早用水是依山傍水。这样，住在山上既可防水害（淹），又可就地采集食物；傍水可以渔猎水生动物为食，还可就地饮水。距今 10 000 年前的"东胡林人"和"转年人"依山傍水居高临下，既可防洪保安全，又可依托河岸高地从事种植业（原始农业）。

进入夏代，为变水害为水利，大规模治河导水。孔子在《论语·泰伯篇》中讲道："禹，吾无间然矣，卑宫室而尽力乎沟洫。""禹疏九河"，其中就包括有北京地区的漯河（即后来的永定河）。

东周至东汉凿井灌溉园田；东汉初年，渔阳太守张堪在狐奴县引鲍丘水开稻田 8 000 余顷，完成了一项古代规模宏大的农田水利事业，深得民众拥护。《明宪宗实录》（卷 78）中追记道："狐奴山下涌泉溉田千亩，地可植稻，民享其利，独为邻封诸邑所仅见焉。"

公元 250 年，曹魏将军刘靖在蓟地区开置屯田时，在梁山（今石景山）的漯河（今永定河）上首次修建了一座拦河大坝——戾陵堰。在大坝东端开凿引水渠，114 车箱渠，引漯河水进高粱河灌溉田亩 2 000 顷。

公元 516 年后，幽州刺史裴延儁重新修复戾陵堰和车箱渠，"灌田百万余亩，为利十倍。"[魏书（卷 69），中华书局，1997]

公元 608 年（隋大业四年），"诏发河北诸郡男女百万开永济渠，引沁水南达于河，北通涿郡。"（涿郡治所蓟城，即今北京）唐时将永济渠续凿至北京今运河源头通州，改称"京杭大运河"。

隋唐时期在桑干河（古永定河）下游引水灌溉土地、种植水稻。

唐高宗永徽年间（650—655），"裴行方检校幽州都督，引卢沟水广开稻田数千亩，百姓赖以丰给。"（宋·王钦若等，册府元龟，"牧守都·兴利"）

北宋把海河流域众多湖泊连缀成一条水网，借以种稻与改良土壤。

辽代契丹仿效北宋筑堤蓄水做法，在拒马河两岸建起宽阔的水网，种植水稻。

金"引宫（太守宫）左流泉灌田，岁获稻万斛"。

元代郭守敬设计创建的通惠河，为大都城的繁荣兴盛注入了新的活力，天南地北各种各样的资源从水上"漂"入都城。

1270 年，元世祖至七年，提出"引浑水灌田"。元顺帝至正十二年（1352），中书省臣脱脱言："京畿近地水利，招募江南人耕种，岁可得粟麦百余万石，不烦海运而京师足食。"

1393 年（洪武二十六年）颁布条令中规定："凡各种闸坝陂池引水可灌田亩以利农民者，务要时常整理疏浚。"

又敕谕："遣监生及人才分诣天下，督使民修治水利。"

明代万历年间（1573—1620）徐贞明大力倡导兴修水利，并奏请招募南方熟悉水利种稻之人和山西等地流民来大都地区种地，由于引入南方熟悉水田之人开发水利，西湖（现昆明湖）一带的水洼被开垦为稻田，呈现出一派好似江南水乡的田园风光。

延庆州的水利开发，是明代北京郊区农田水利开发的典范。万历四十四年（1616）怀隆道胡思伸在《新垦水田碑论》中写道：其一，把海陀泉的水引到古城，疏浚了从双营到延庆州城的十里河渠，沿途开垦可以灌溉的水田5 000余亩。其二是利用佛峪泉的水源，通浚河渠引到数里之外的张山营，最远到达集贤屯，开垦水田1 000余亩。其三是引出北山下的蔡泉等水源，在东起中羊坊，西到张山营，南到田宋营、上下板桥及吴家营、郎家庄、小河屯的范围内，开垦水田14 000余亩……一个月内开垦出的田地差不多有30 000亩。

之后又相继开发，使延庆及周边地方共开垦了水浇地或水稻田不少于80 000亩。《新垦水田碑记》对其效益也作记载：其一是"水绕郭壕，大培地脉。"其二是"沙碛萑苇之奥，悉化为膏腴。"其三是"顷岁获稻粮数十万石，往时米价涌沸，自稻田开而斗斛平，家给产足，人心安堵。遥望东路畦疆，不逊江南，即遇旱魃，有恃无恐"。其四是"其于御敌尤善。敌故利骑不利步，今尽地而沟洫之，敌不得长驱。是间井之界皆为金汤，私公两利，莫此为甚"。此可谓京畿古代山区小流域环境治理的典型。

清代在北京地区进行的水利事业，以河道防洪、城市供水、农田水利等方面为主。对永定河的治理规模超过以往各个朝代。

康熙年间（1661—1722），其主张并大力实行的方略是"筑堤束水，引清刷浑"。他对原河道冲督王新命等人的谕旨称："此河性无定，溜急易淤。沙既淤，则河身高，必致浅隘，因此泛溢横决，沿河州县居民常怀其容。今欲治之，务使河身深而且狭，束水使流，借其奔注迅下之势，则河底自然刷深，顺道安流，不致泛滥。"按旨实施，使浑河（康熙三十七年之谓）两岸河堤之间距离从上到下由宽变窄，从数百丈[①]减少到数十丈以增强河水流速。引入大清河和牤牛河之水冲刷浑河泥沙，使其由浑变清。康熙三十七年（1698）应直隶巡抚于咸龙乞赐河名并敕建河神庙。康熙谕旨："照巡抚所请，赐名永定河，建庙立碑。"（《清圣祖实录》卷 189）

清代对永定河善淤善决，对农田进行改良，时称"畿辅水利营田"。

雍正五年（1727），平谷县治正东、龙家务、东北水峪寺等处，营治稻田共五顷三十五亩，农民自营稻田共七十六亩五分[②]。

雍正九年（1731），改旱田三顷五十亩。宛平县卢沟桥西北修家庄、三家店等处引永定河之水，泄水于村南沙沟内，"淤泥停壅，不善而肥，苗发颖粟，所收倍于他水。"农民自营稻田共十六顷。

高家庄、南良庄、长沟村等处营田，引拒马河、挟河之水，仍泄于本河，十余里畦塍相望，较玉塘泉之利更广矣。

雍正五年（1727），县治西南广润庄、高家庄等处，营治稻田共二十顷四十二亩六分。农民自营稻田共二顷七十二亩八分。

雍正六年（1728），县治西南良家庄、长沟村莞治稻田二顷八十九亩。

丰台区草桥一带借助泉源涌出的滋润，养花、种稻，盛极一时。金初步形成、元明继续发展的草桥花卉生产，到清代达到高度繁荣，居人遂花为业。都人买花担，每辰千百，散入都门。京师花贾，皆于此培养花木，四时不绝而春时芍药尤甲天下。

近代，尤其进入民国时期，四郊农家之讲究灌溉者，惟种草

---

① 丈为非法定计量单位，1 丈≈3.33 米。——编者注
② 分为非法定计量单位，1 分≈66.67 米[2]。——编者注

与植稻。菜园之水，皆仰于井水。汲水者多用吊竿，汲深则用水车，或悬缦于辘轳，以引水罐。水田之灌溉，专恃沟流，或佐以水车之力（表 2-3）。

表 2-3　1934 年北平四郊灌溉面积统计

郊别	农田面积（亩）	灌溉面积（亩）			灌溉面积占农地面积的比例（%）
		井	河流	共计	
东郊	79 482	3 995	130	4 125	5.2
西郊	69 504	7 884	7 846	15 730	22.6
南苑	55 274	7 184	482	7 666	13.2
北苑	54 547	3 103	2 064	5 167	9.5

资料来源：吴文涛.《北京水利史》. 人民出版社. 2013.

（6）新中国北京的农田水利　1949—1956 年，政府致力于发动群众打井抗旱，大量开凿砖井、土井，开采浅层地下水用灌溉。到 1956 年，全市农田灌溉面积由 1949 年的 21.31 万亩增加到 62.03 万亩。

1957—1971 年，北京地区掀起了规模空前的农村水利建设高潮，1957 年 4 月之后利用永定河引水渠的水源建成了海淀西山、老永丰灌区、朝阳东南郊、平房灌区，以及大兴永定河、南大红门灌区，房山大宁灌区，海淀清河、史家桥灌区，朝阳羊坊、温榆河、沈家坟、高碑店灌区，通县潮县、马驹桥、武窦、通惠灌区等七大灌区。

1961—1966 年京密引水渠建成通水，给农田分水灌溉。到 1971 年，全市建成了灌溉面积 30 万亩以上的潮河、白河、永定河、南红门四处大型灌区，灌溉面积 1 万～30 万亩的城龙、石景山等 34 处中型灌区，再加上 1.27 万眼机井，有效灌溉面积达到 469.71 万亩，占耕地面积的 71.2%。

1972—1983 年，开采地下水成为农业灌溉的主要水源。这个时期共打井 5.31 万眼，井灌面积达到 282.46 万亩。到 1983

年，北京市农田灌溉面积达到前所未有的 517.5 万亩，还有非耕地果树灌溉面积 14.95 万亩。

1984 年以后因连续干旱造成水资源紧缺，农田灌溉转向以节水为中心的技术改造，采取渠道衬砌，铺设输水管道，大田安装喷灌，菜田安装微喷、滴灌设施等措施。到 1995 年，全市有大中型灌区 40 处，机井 4.46 万眼，扬水站 4 907 座，有效灌溉面积 484.49 万亩，占耕地面积的 81.9%，另有果园、林地等灌溉面积 63.38 万亩。"九五"期间共修建橡胶坝 56 座，塘坝 250 座，蓄水池上千座。建成机电排灌站 5 000 处，机井 4.4 万眼，有效灌溉面积 485 万亩，其中发展节水灌溉面积 400 万亩（北京市"十五"时期水利发展规划，首都之窗网站，2003 年 9 月 22 日）。

1997—2003 年，郊区农村以水利富民工程和发展特色农业为重点，促进农村水土资源综合开发和农民致富。1997 年，市政府出台了《北京市山区水利富民规划》，开展了"五小"（小水窖、小水池、小塘坝、小泵站、小水渠）水利工程。经过 6 年奋斗，实现了山区农民人均一亩抗旱灌溉粮田，一亩水浇果园和"五小"工程网络化的目标，拓宽了农民致富道路，农民纯收入平均增长 11.5%。平原地区以大力推广滴灌、微喷、小管出流等节水技术，带动发展"六种农业"（观光、创汇、籽种、设施、精品、加工等）。

2004—2010 年期间，市政府批准实施《北京市郊区水利现代化建设规划（2005—2010 年）》。2010 年年底，该规划五大体系基本建成。饮水体系建成 144 座乡镇集中供水厂、3 096 处村级供水站，全市农村饮用水质达到国家规定标准；累计发展节水灌溉面积 428.7 万亩（28.58 万公顷），占总灌溉面积的 88%，农业利用再生水达到 3 亿米³，农业用新水由 2003 年的 13.8 亿米³ 下降到 2010 年的 8.18 亿米³，灌溉水利用率达到 0.69。

①乡村水环境保护体系。共建成乡镇公共污水处理厂 50 座，村级公共污水处理站 770 座，总设计处理能力达 30 万吨/日；郊区及村镇生活污水处理率达到 40％。山区生态修复、生态治理、生态保护三道防线建设大见成效，治理小流域 401 条，治理水土流失面积 5 428 千米^2，水土流失治理率达到 82％；防洪减灾体系治理中小河道 330 千米，建设集雨工程 800 余处，增加蓄水能力 2 750 万米^3；完成东南郊水网、引温入潮、北运河流域综合治理，改善了水环境，增强了防洪调蓄能力；对全部病险水库进行了除险加固。基层水务管理体系共建成基层水务站 114 个，农民用水协会 125 个，村分会 3 925 个，设立村级水管员 10 800 名，在全国第一个解决了农村水务管理主体缺位问题，形成了市、区、乡镇、村四级管理体系。

②节水灌溉技术的演化。新中国成立前未见有农业节水灌溉一说。新中国成立后出现节水灌溉的新概念（表 2-4）。

20 世纪 50～60 年代，为节省亩次灌水量，扩大灌溉面积，推行平整土地，推广畦灌。

20 世纪 70 年代，对灌区的输水渠道进行防渗衬砌。

20 世纪 80 年代，机井灌区推行地下管道输水、田间渠道衬砌和喷灌、滴灌技术装备。

1991—1995 年期间，广泛推广渠道衬砌、低压管道输水、喷灌滴灌，并成为北方农业节水灌溉的三大主要形式。全市农业节水灌溉累计投资 50 500 万元，其中政府投资 14 500 万元，区县自筹及申请贴息贷款 3.6 亿元。新增节水灌溉面积 8.4 万公顷（126.44 万亩）。到 1995 年年底，全市建成衬砌渠道 6 454.13 千米，控制灌溉面积 3.32 万公顷（49.86 万亩），建成地下输水管道 6 519.8 千米，控制灌溉面积 2.98 万公顷（44.68 万亩），发展喷灌面积 11.05 万公顷（165.8 万亩），滴灌面积 666.67 公顷（约 1 万亩）。

表 2-4 1949—1995 年北京市有效灌溉面积发展情况

（单位：万公顷）

年份	有效灌溉面积	年份	有效灌溉面积	年份	有效灌溉面积
1949	1.42	1965	22.98	1981	34.38
1950	1.62	1966	30.72	1982	34.50
1951	1.98	1967	24.73	1983	34.50
1952	2.49	1968	25.56	1984	34.30
1953	2.37	1969	26.20	1985	34.06
1954	2.40	1970	30.72	1986	33.79
1955	2.43	1971	31.31	1987	33.47
1956	4.14	1972	31.33	1988	32.82
1957	3.87	1973	30.00	1989	32.69
1958	9.53	1974	31.29	1990	32.86
1959	13.75	1975	32.55	1991	32.61
1960	14.85	1976	33.95	1992	31.87
1961	11.77	1977	34.21	1993	31.47
1962	10.77	1978	34.21	1994	32.34
1963	14.6	1979	34.08	1995	32.28
1964	20.69	1980	34.03		

1996—2000 年，北京市节水以区、县为单位，向高标准节水推进。到 2000 年年底，全市节水灌溉面积达 27.27 万公顷（409 万亩），占全市有效灌溉面积的 85%，其中喷灌面积为 200万亩，占节水灌溉面积的 49%。农业用水占全市总用水比例由1995 年的 47.4% 下降到 40.8% 左右。

2001—2006 年，新打与更新机井共 613 眼，渠道衬砌 56 千米，铺设管道 2 363 千米，配置量水设备 4 871 套。农业平整土地 7 212 公顷，深松土地 3 422 公顷，地膜覆盖 10 968 公顷，使用保水剂 38 吨。

2001—2004 年，压缩高耗水作物种植面积：水稻种植面积由 28.5 万亩减少到 2.2 万亩；平原地区小麦、夏玉米两花草播种植面积由 252 万亩减少到 150 万亩；退耕还林还草 50 万亩。到 2004 年年底，全市共建不同类型高标准节水示范区 22 个，总面积 4 116 公顷（61 740 亩）（表 2-5）。

表 2-5　2004 年北京高标准节水示范区

区　县	示范区名称	效益面积（亩）
朝阳区	来广营、崔各庄	4 740
丰台区	王佐	3 700
海淀区	苏家坨	2 000
通州区	徐辛庄、潞城、永乐店	6 600
大兴区	庞各庄、长子营	9 000
顺义区	龙湾屯、水利部基地	3 400
房山区	张坊、周江店	6 300
昌　平	小汤山、兴寿	6 000
延　庆	香营	2 200
怀　柔	北房	2 100
密　云	高岭、东部渠	5 800
平　谷	夏各庄、刘店、城关	9 900
合　计	225	61 740

2005—2010 年期间，发展节水农业灌溉面积 7.98 万公顷（119.72 万亩），其中喷灌 1.05 万公顷（15.7 千万亩），微灌 2.3 万公顷（34.49 万亩），低压管道灌溉 4.53 万公顷（63.94 万亩），渠道防渗 1 000 公顷（1.5 万亩）；建蓄水池 1 285 个；铺设输管道 7 092 千米，安装水表 21 459 块。6 年中共投入 195 279 万元，其中市政府投入 129 952 万元，占总投资的 67%。

到 2010 年，郊区节水农业灌溉面积从 1990 年的 12.07 万公顷（181 万亩）发展到 28.58 万公顷（428.7 万亩），其中喷灌 8.13 万公顷（121.95 万亩），微灌 1.93 万公顷（28.95 万亩），低压管道灌溉 15.16 万公顷（227.4 万亩），渠道防渗灌溉 3.26 万公顷（48.9 万亩），其他节水灌溉 1 000 公顷（1.5 万亩）。全市 50 亩以上集中连片设施农业全部配套高标准微喷灌设施，灌溉水利用率达到 0.69。农业用水量由 1991 年的 21.52 亿米^3 下降到 2010 年的 11.38 亿米^3，其中用新水 8.38 亿米^3，再生水 3 亿米^3。

1991—2010 年，农业用地下水由 16.14 亿米^3 减少到 8.18 亿米^3。农业用水量占全市用水量比例由 1991 年的 57% 降至 2010 年的 32%。

2011—2014 年，全市农业用水量由 2011 年的 10.9 亿米^3 下到 2014 年的 7.5 亿米^3，灌溉水利用率由 2010 年的 0.69 提高到 0.71。此前，20 世纪 50～70 年代，土渠输水、大水漫灌，水的利用率只有 0.30，吨水产粮 0.5 千克；20 世纪 80～90 年代开展节水灌溉（渠道衬砌、管道输水、"小白龙"浇水，发展喷灌、滴灌等），使灌溉水利用率提高到 0.5～0.6，每吨水产粮提高 1.5～2.0 千克（表 2-6）。

表 2-6 1991—2010 年北京市农业用水费统计

单位：亿米^3

年	总用水量	其中			年	总用水量	其中		
		地下水	地表水	再生水			地下水	地表水	再生水
1991	21.52	16.14	5.38		2001	17.40	13.38	3.62	
1992	19.08	13.14	5.63		2002	15.45	13.45	2.0	
1993	19.75	14.11	5.64		2003	13.80	12.38	0.92	
1994	20.36	14.32	6.04		2004	13.50	12.42	0.38	
1995	18.77	13.5	5.27		2005	13.22	10.91	1.01	1.3
1996	18.95	14.45	4.5		2006	12.78	10.18	0.49	2.0
1997	18.12	13.06	4.76		2007	12.44	10.18	0.06	2.2
1998	19.39	12.53	4.86		2008	11.98	9.10	0.28	2.6
1999	18.45	13.90	4.55		2009	12.0	8.80	0.20	3.0
2000	16.49	13.48	3.01		2010	11.38	8.18	0.20	3.0

资料来源：北京市水务局材料.2015.

"天下莫柔弱于水，而攻坚强者莫之能胜"。水是人类及农业赖以生存的宝贵资源，受自然禀赋制约，北京市水资源已由历史长河中的丰盛进入严重匮乏，如今人均水资源量只 100 米^3 左右，仅占全国人均水资源量的 1/20。从 2012 年启动开工到 2014 年底南水北调中线工程全线竣工，"南水"顺利进京，每年供 11 亿米^3。

③水土流失的治理见成效。1989—1995 年期间共治理水土流失 374.53 千米^2。治理后林木覆盖率达到 53.3%。

1991—1996 年期间利用国家补助与农民投入劳动积累互相结合，先后治理水土流失面积 1 450 千米^2，开发经济沟 406 条，形成具有一定规模的果品生产加工基地。

1997—2002 年，全市共治理水土流失面积 818 千米^2，山区水土流失面积从 1996 年的 4 332 千米^2 减少到 2002 年的 3 514 千米^2。土壤侵蚀模数从 1996 年的 1 296 吨/（千米^2·年），减少到 2002 年的 1 199 吨/（千米^2·年）。

2003—2010 年期间，在全市 547 条小流域、6 640 千米^2 水土流失面积中，累计治理小流域 401 条，治理面积 5 428 千米^2，水土流失治理率达到 82%。其中：建成生态清洁小流域 150 条，治理面积 1 902 千米^2。生态清洁小流域建设率达到 27%。

在生态文明建设中，水甘土厚，人多技艺，水润京华。山更青、田更绿、天更蓝、更宜居。京华大地谱新篇！

第三章 都市农业演进的动力机制

一切事物的发展总是在自身与外界一定力的作用下进行的。农业由自给自足性的产品生产向着商业性生产的商品演化也是借助内外力的作用而进行的。都市型农业的出现本质就是农业商业性演化的结果或体现。其演化的动力机制有：

一、农民对利益的追求

在前农业时期，人类以采集与渔猎为生，共同采集或共同渔猎，共同分享劳动果实，当天劳动只要满足当天温饱即可。到了原始公社中前期，虽然人们从事农业生产和定居生活，但仍是共同劳动、共享劳动果实。到了原始公社后期，由于劳动成果在共享中有了剩余，便出现部落间的产品交换，就出现了私人对公社资产的占有，孕育着私有制的出现与形成。因此，便在自然和社会财富的占有中出现了个人与集体利益的共存，出现了"人人为我"和"我为人人"的利益关系。马克思曾明确指出："人们奋斗所争取的一切，都是同他们的利益有关。"他还指出"'思想'一旦离开了'利益'，就一定会使自己出丑。"（《马克思恩格斯列宁斯大林毛泽东关于农业若干问题的部分论述》），农业出版社，1983）。列宁指出："从个人利益上的关心，能够提高生产，我们无论如何首先增加生产。"农民的利益诉求，首先是用自己的劳动去换取，通常是用自己的劳动产品进入市场进行交换，换取所需要的物资——包括生活用品、生产资料等和货币。尽管在漫长的封建社会制度下，农民一直处于追求温饱的小农经济状况，但因其自身生产、生活需要用品及生产资料不完全自给而需在市场交换中获得。作为京畿的农民也深知市民的生活需求，只有对应市民生活需求而生产与上市，才会获取较好的利益。因此，凡想获得市场利益的农民在生产中必须考虑适销对路的产品。农民们这种面向市场的行为，经历了长期的磨炼便由朴素的供养城市逐渐转变为服务城市，同时也争取获得自己的利益。这种适应市场的利益观，潜移默化地引导着京畿农业向着为城市服务方向发展——产业求全（农林牧副渔，五业兴旺）、产品求多样化、质量求好、供应求四季有鲜、有利可图。京畿农民这种鲜明的逐利行为充分表达了小农经济的二重性，即既要维持自给自足，又要追逐利益而兼顾小商品生产。这就是京畿农业商业化特色的动力之一。

据传，蓟城周围盛产野生的蓟菜和薇菜，当时的城乡人民都以这两种野菜为菜。古代文献说蓟"苗二、三寸时，并振作（为）菜，茹食其美。"直到清代富贵人家还以"三月三日为蓟菜生日，是日多食蓟菜角（饺）子，谚云：'年年三月三，蓟菜开花赛牡丹'。"

《史记·伯夷列传》记载：孤竹国的伯夷、叔齐两兄弟在殷商灭亡后"不食周粟，隐于首阳山，采薇食之。"陆玑在《毛诗草木鸟兽虫鱼疏》中说："薇，山菜也……可作羹，亦可生命也。"到了清代，北京地区仍然把它们作为一种蔬菜食用（见《光绪·顺天府志》的《物产·蔬属》）。

到春秋时期，燕蓟地区即和齐鲁地区开始进行大规模的蔬菜种质资源交流活动，时值大约在春秋时期的周惠王十三年（前664）后。据张平真《北京地区蔬菜行业发展史》记载，春秋战国时期燕蓟地区生产的蔬菜种类已有 24 种，诸如菽、葵、韭、瓜、薹、莲藕（荷）、荸等。到秦汉时期，燕蓟地区即兴起大规模的蔬菜栽培事业，主要用作"佐餐""补淡""备荒"。在汉代

启蒙读物《急就章》中写道："园采（即菜）果蕨助米粮"，以及
"老菁襄荷冬日藏。"当时在今日的广安门、宣武门、和平门等地
都有用井水灌溉的菜园。西汉时出现温室（暖洞子）栽培，引进
西域的胡蒜（大蒜）苜蓿等。

北魏时期出现"专门栽培蔬菜的'菜地'""（每）口课种菜
五分亩之一"。国家推行的《齐民要术》中已有专门传授蔬菜生
产技术及其贮藏、加工技术等。

隋唐时期，隋代除分给百姓"永业田"外，还给"园宅"
（率三口给一亩，奴婢则五口一亩。）每户园宅中可自由栽种瓜果
蔬菜。官府还设有"市令"，负责管理蔬菜商品的市场交易。唐
代高祖登基伊始即下诏"特建农圃，本督耕耘"。还特建样板农
田和园圃，督导百姓耕田种菜，设立"上林署"掌管宫廷苑圃和
种植果蔬之事。唐代幽州城北设有商业区，叫做"幽州市"，有
店铺 1 000 多家，其中就有蔬菜行业。由此北京地区蔬菜生产的
专业化、商业化演变加快，清代就出现了"园田户"——专为皇
家种菜，专司 97 处瓜果园。在近郊和远郊都设有民间菜园。民
间菜园产品也主要进入市场以盈利为目的，生产者也会自食一
部分。

新中国成立后，蔬菜几乎是净商品生产。在前三十年中，是
按照市政府提出的"郊区生产为城市服务"的方针，"把郊区农
业建成为首都服务的副食品生产基地"，流通的形式是由政府统
购、统销。至于种什么菜、种多少、怎么种？按统一计划进行即
是。自 1978 年以后，在深化改革开放中，遵照市委市政府提出
的"服务首都，富裕农民"的指导方针，郊区的蔬菜生产与经营
完全按照市场法则进行。蔬菜的商品生产基地由当初的几万亩、
十几万亩，发展到六七十万亩，出现了大批以种菜为业的专业
户、专业村、专业镇及专业生产合作社、家庭农场等。

粮食是人类最基本的维持生存和社会活动与劳作的食物。在
粮食中按人们的口感分为粗粮（粟、黍、燕麦、荞麦及外来的玉

米、甘薯等）和细粮（小麦、大米等）。在漫长的封建社会制度下，广大农民基本是疲于温饱而劳作，而在北京地区靠天吃饭以生产粗粮为宜，且较细粮耐饥，因此多以种植粗粮为主。但城市居民则喜食细粮——也是售价较高的农产品，于是便通过兴修水利发展细粮生产，小麦、稻米便成为古代农业中的商业性作物产品。

进入社会主义市场经济时期，京畿粮食生产全部成为商业化生产并进入流通。

京畿小农经济进入商业演化的还有畜牧业。这里是古代抵御外患的军事重镇，马是古代军事中重要役畜。因此，本地区养马业比较发达，城区设有骡马市，城郊有马甸，郊区有养马场。牛是农家宝，务农不可少。牛既是役畜又是京城肉食的来源之一。猪、羊则是京城肉食的主要来源，又是农村重要的家庭副业，农民们饲养猪羊自食比重很小，主要是供给市民而挣点零花钱。如今，畜牧业在农村中已发展成专业化、规模化和商业化产业。

二、城市对农业都市化的驱动

从理论上讲，斯大林在《列宁主义的几个问题》（1926 年）中讲道："无论在物质方面，在文化方面，农村都是跟着城市走，而且一定是跟着城市走的"，这是"因为城市是农村的领导者"。

就北京的演变而言，北京的古代前身是由古村落不断扩大而成为周王分封的古燕国、蓟国的方国都城。燕灭蓟后把都会并到蓟城，由此演变成今日的北京城——国家首都、国际化大都市。其间曾为方国都会，国家北方军事重镇辽陪都，金、元、明、清的首都。可见北京从古至今一直是国家政治、军事要地，是金以来国家的政治、文化和国际交往的中心，是人口扩张的集结地。据史料记载：东汉时，幽州辖域中有 14 个县在今北京地区，人口 623 700 人；金中都所在大兴府有 150 万人；元代到泰定四年

（1327）人口为 95 万人；明代到正统十三年（1448）人口为 96
万人；清代康熙二十年（1681）北京地区人口为 1 643 700 人，
其中城市人口 766 900 人，康熙五十年（1711）城市人口达
924 800 人；1942 年，北京地区人口达 1 656 025 人；而到 2013
年，全市常住人口达 2 300 万人，另有流动人口数百万。城市人
口集结效应反映到对农产品的需求上：一是量的扩张；二是质的
提升；三是特需特供；四是部分居民以农产品经营为生。这种与
时俱进、日益增长的需求，对于京畿农民来说：一是要尽供养的
天职；二是营利得益的机会。此二者结合驱动着京畿农业除了担
负着农民自身的自给自足，还要供养市民并获得利益，这只强大
的手推着农业商业化经营。

小农经济商业性演化是从春秋战国时期小农的出现开始直到
新中国成立之前。演化的形式由城乡间产品交换逐步走上产品交
易，货币交换，直至明清时期的准商品性生产与贸易，到近代的
商品生产及商业性贸易。新中国成立后农民走上了社会主义集体
公有制经济体制，一度是产品生产，国家统购统销，保障供给，
农村服务城市。从 1978 年的改革开放起，在农村经济体制改革
中，农业逐步走上以市场为导向，按市场需求来规划和发展，遵
循市场法则来经营农业，实行产、加、销一条龙，贸、工、农一
体化，实现"服务首都，富裕农民"的双赢。其本质已是完全商
业化经营农业。如今，京畿的农民在城乡一体化中已成为拥有集
体资产的市民，农村已成为城镇化的社区，农业已成为社会主义
商品经济中的基础性产业。

三、政府约定与政策拉动

北京地区是黄帝"邑于涿鹿"后的活动中心，是燕国的都会
蓟城所在地，是秦至宋北方重镇，是辽的陪都及金、元、明、
清、民国初期和新中国的首都所在地。重要的政治、经济、军

事、文化及对外交往的地位和庞大的人口结集及社会、生态环境的呵护都需要京畿的农民、农业给予强力的支撑，以保持城市的安定和繁荣昌盛。其中最基本的支撑莫过于农产品的供给，历代朝政特别是前期朝政一般都很重视京畿农业的发展，以增加政府赋税收入和对城市的供给，维护城市的稳定；并设"市"专供城乡商品交易。战国时蓟城内设有市场，到汉代蓟城已成为"富冠海内，天下名都"；唐代幽州城内有市，市分行铺（店），其中与农业有关的行铺约一半；元代大都城内出现贸易市场，其繁荣"世界诸城无能与比"（马可·波罗语）；明代北京城内市场行业有130~180个，其中有与农业有关的行业若干；清代不仅市场发达，而且鼓励四郊和远郊发展商业性农业生产，出现专业性种菜、种花、种果、种棉花等经济作物，以应对城市消费需求；到民国时期，棉花等经济作物进入商品基地种植，并实行产、加、销一条龙运营。这些举措都沟通了城乡间农产品的商业贸易，激励着小农经济的商业性演进。

新中国成立后，政府就以明确的政策引导农民从事商业性农业生产，在服务城市中富裕自己。在深化改革中鼓励农民"以质量和效益为中心"发展专业化、商品化生产。现代农业市场化走向已不仅仅是产品商品化，而是多功能商业运作，如在生产过程中提供回归自然、体验农耕文化及采摘、尝鲜服务；面向社会提供良好的生态环境，以碳汇农业服务获取生态补偿。实行产、加、销一体化，贸、工、农一条龙式的一、二、三产业融合，以期拓展农业的增值空间和供给水平。

实践表明，现代农业的全方位商业运作，大大提高了农业资源的利用率、产出率，特别是增值率。

据《北京农村统计资料》（2006—2010）显示，京畿耕地面积不断减少：1949年为796.5万亩，1978年为658万亩，1995年为591.6万亩，2005年为350.1万亩，2010年为282亩。但农林牧渔总产值和增加值则不断攀升（表3-1）。尤其"十一五"

期间，耕地（农业的基础性资源）面积在锐减，而大农业的总产值则大幅度攀升。

表 3-1　京郊耕地面积在减少农林牧渔业产值在攀升

年份	耕地面积（万亩）	农林牧渔业增产值（万元）	农林牧渔业增加值（万元）
1949	796.5		
1978	658.0	116 369.5	56 300.0
1995	591.6	1 644 702.7	735 000
2005	350.1	2 392 888.9	979 900.0
2010	282.0	3 280 226.5	1 245 058

2010 年全市农林牧渔业总产值比 2005 年增长 37.1%，年均年增长 6.5%，比 1978 年增长近 1 倍；平均每个农业从业人员创造的产值由 2005 年的 4.1 万元提高到 15.5 万元，增长 33.6%，平均增长 6.0%。尽管现代农业增值的因素是多方面的，但其中有几个因素的增值效应是传统农业增值因素无法比拟的。首先是农业生态服务价值，这是农业的经济价值所无力攀比的。生态服务价值的评估与列入是从 2006 年开始的，是伴随着都市型现代农业的实施而呈现的。据资料显示，北京农业生态服务价值年产值由 2006 年 721.44 亿元增加 2010 年的 3 066.36 亿元，贴现值由 2006 年的 5 813.96 亿元增加到 2010 年的 8 753.63 亿元，这是一项史无前例的农业生态商业服务价值的变现。据 2014 年初，首届北京低碳农业技术研讨会上消息称：北京低碳农业发展具有使首都农业成为"净碳汇"的潜力。据初步估算，京郊农田碳汇潜力达 2 000 万～3 000 万吨二氧化碳当量，不仅能抵消农业源碳排放，还能抵消 6%～10% 的总量排放。观光休闲农业的商业服务价值，大大提升了农业的增值效益。观光休闲农业是基于产品农业而叠加的农业新业态，亦即在产品经济的基础上呈现的旅游业，为农业经济拓展了广阔的增值空间。据《北京农村统计资料》（2006—2010）显示，2005 年，观光农业总收入仅有 78 810.0 万元，到 2010 年则增加到 177 958.4 万元，而

到 2012 年则猛增至 269 000.0 万元；设施农业收入，2006 年为 211 000 万元，2010 年增加到 407 000 万元，2012 年则增加到 520 000 万元；都市型现代农业生态服务价值则由 2006 年的 721.44 亿元，增加到 2012 年的 3 439 亿元，贴现值则由 2006 年的 5 813.96 亿元增加到 2012 年的 9 182.07 亿元。

现代农业市场化，带动了农业产、销两旺及市场繁荣昌盛和兴农富民双赢。农民人均纯收入在 2006 年为 8 620 元，2012 年达到 16 476 元，农村全面小康实现度在 2006 年为 86.9%，而 2012 年则达到 94.2%；农村城镇化实现度在 2006 年为 73.3%，2012 年则达到 85.2%；新农村实现度在 2006 年为 69.45%，2012 年则达到 83.86%。

社会主义市场经济给京畿农民和农业注入了活力和动力，使他们真正感受到自主面向市场发展农业，在市场运营中服务首都，也富裕了自己，极大地调动了农民自主创业的积极性。从 20 世纪 90 年代以来，先后开创了观光农业、籽种农业、创汇农业、精品农业、节水农业、生态农业、创意农业、循环农业、智慧农业、精准农业、"互联网＋"农业及碳汇农业等，在日益紧缺的水、土（农田）空间上开拓出了日益广阔繁荣的服务首都的空间。

四、城乡融合，变位发展

在封建社会里，城市的官僚地主深居市井，而在农村占有大量土地，租田给农民耕种，坐收地租。如今在社会主义市场经济体制下，城乡统筹中农民可凭借自身的劳动资本进城务工，市民可凭借自身的资金资本下乡务农创业。京郊一些规模较大的农业企业中有相当一部分是市民或回乡市民干的。据考察，市民下乡办农业企业有两大优势：一是有见识，他们中的多数人有文化、懂技术或学技术、会经营——在市场中滚爬过。二是有资本，舍得投资。他们深知现代农业的基本规律是"高技术、高投入、高产出",同时也存在市场的高风险,必须科学应对。三是善谋划,市民下乡创办的农业企业一般都不吊在"一棵树"上。四是与时俱进,"调结构、转方式"围绕市场转,迎合市民或社会需求。而农民进城务工,搞活了城市劳务市场,解决了城市劳动力短缺的难题。城乡变位发展既是市场机制的调节,也促进了农业市场化的活力。

五、理念飞跃,互利共荣

新中国成立后,北京市一度采取工业支援农业的政策。如1960年,万里副市长在市人民委员会第19次会议上提出:"工、交、商、文化教育各部门都要有以农业为基础的思想,都来支援农业"(《当代北京大事记》,北京出版社,1992);1972年5月9日,中共北京市委召开工业支援农业动员大会,"要求把工业支援农业的工作做得更好"。这一段时期工业支援农业主要是城市工业部门与郊区县、乡对口派人进厂或办厂传授技术培养人才,开发或改进产品,改善工艺等,也有的对口支援设备的。20世纪70年代前后,一到"三夏"(夏收,夏种,夏管),城市工人、学生、机关干部便有组织地下乡进村支援,这种支援主要是帮助农村创办一些当时称为社队的企业,如农机修造厂、拖拉机站等;再就是在机械化水平不高情况下帮助农民抢农时,"龙口夺粮"。从2006年起,国家正式提出"工业反哺农业""城市支援农村",这是在城乡统筹的新的历史条件下政策理念的一次飞跃,即由农业积累资本发展工业转向工业资本反哺农业,城市支援农村也不简单地支援"三夏",而是将全市基础设施投资以城市为主转向加大对农村的投资比重,加快新农村的建设。随着城乡一体化、农村城镇化、农业现代化的快速发展,新农村、新农民、新农业生机蓬勃,蒸蒸日上!

第四章　都市农业的发展前景

一、借　鉴

环顾世界，当今公认的世界城市英国伦敦、美国纽约、日本东京、法国巴黎等，大都有各具特色及与国际化大都市功能相适应的都市型农业。它们虽历经风雨，但仍生机盎然，别有创意。法国巴黎大区农业发达，其面积占大区总面积的49%，并以种植为主，占农场的70%；英国伦敦以"绿色城市"为主旨发展森林环城绿带，并努力提高城市食品供应的安全；美国纽约最大限度地挖掘农地资源，着力满足城市多样化农产品需求，依靠科技风行楼顶农业；日本东京着力发展工厂化农业，以蔬菜、果品、花卉等为主，其商品率一般在90%以上。在经营方法上注意发展观光农业、体验农业，建有"民宿农庄""银发族农园""农村留学""自然休养村""农业公园"等。据资料显示，世界城市农业是世界城市规划和发展中不可或缺的内容和组成要素。现有世界城市农业可称得上是以百花齐放、万紫千红装点和供养城市，展现了蓬勃生机与活力。为了维护城市农业稳定发展，相关国家都有相关政策或法规给予扶持。美国于1938年出台了《环城绿带法》，其目的是：防止邻近城镇的合并；促进农村保护避免被侵占；保护具有历史意义的城镇环境和特征；通过鼓励废弃地和其他城市土地的循环，促进城市更新。日本东京在1998年的市议会上通过《日野市农业基本条例》，规定了9项振兴城市农业的方针政策：实现农业经营现代化；发展有利于保护环境的农业；发展能够发挥地区特点的农业；促进与消费相结合的农业生产与流通；继续保持农用水渠；确保和培育农业接班人；加强农民与城市居民的交流；保护农田；防止灾害。法国巴黎市政府将土地分为城市经济发展用地，农业经济发展用地和自然保护区三种类型，利用大片农业用地将中心城市相互分隔，将农田、河谷、森林、公园等绿色空间连贯形成整个地区的绿色脉络。政府还规定，将城郊教育农业纳入农业职业培训体系，凡从事农业者都要在教育农场接受农业职业教育培训，为此建有 1 000 多家教育农场，并受制于国家农业部门职业培训中心。

以上四个以金融资本市场著称的世界城市，为保持城市生态环境的文明与青春，都着意创建与世界城市融为一体的都市型农业，到今仍欣欣向荣，可谓是常态农业中一支"朝阳花"！

北京都市型现代农业从 1994 年浮出水面的"都市农业"开始，经不断实践、创新与培育，到 2005 年扶摇直上成为"都市型现代农业"，使历经两千多年演化的北京农业真正展现出独特的品牌"都市型"。这里的"都"不是一般意义上的大或特大城市和工商金融都会，而是国家的首都。这里的"都市型"品牌较学界泛"都市型"具有独特的内涵。其核心是刚性的"服务首都"，这里的"服务"不仅有民众的认识，亦有中央政府和地方政府的共识。1983 年 7 月，中共中央、国务院对《北京城市建设总体规划方案》所做重要批复中指出："北京城乡经济的繁荣和发展，要服从和服务于北京作为全国政治中心和文化中心的要求。""农业的发展，应以面向首都市场，适应首都需要为基本方针。要促进农村多种经营和商品经济的迅速发展，努力把蔬菜、牛奶、禽蛋、肉食、水产、干鲜果品等生产搞上去，把郊区尽快建设成为首都服务的，稳定的副食基地。"党中央、国务院对北京农业确定的服务首都的功能定位是刚性的，不是一般意义上的服务。在 1981 年 9 月 2 日，北京市委市政府在农村工作指导方针"服务首都，富裕农民，建设社会主义新农村"中就以"服务"为主旨。2005 年提出发展北京都市型现代农业，这其中蕴涵着几层意思：一是针对"都市农业"满天飞而突出作为首都北京的农业功能定位，并形成独特的现代农业品牌，确保北京都市农业的特色与特质凸显其功能定位；二是促进提升北京的都市农业，伴随北京建设有中国特色的世界城市；三是要构建国际化大都市农业"窗口"，彰显"后有来者"，以现代化盘活城乡有限的农业资源，科学配置资源、多功能开发利用资源，呵护生态文明，创新农业文化，开创农业新业态，开发精准精品、安全高效、可续的现代农业。

二、资源丰富，底蕴深厚

纵观近十年来都市型现代农业的实践业绩，处处都彰显着都市型现代农业的愿景是可期待的，是可持续发展的。

（一）定位合理

指导思想和功能定位及发展方向是符合中央对北京工作提出的"四个服务"的要求的，符合民意，符合建设有中国特色世界城市和"绿色北京、科技北京、人文北京"的发展方向，营造着宜居的生态文明。

（二）传承着古今中外优良的农业遗产和农业文明

根据媒体新闻报道及书刊资料的不完全统计，北京市传承百年以上，曾为皇家宫廷贡品的农业动植物品种及至今开发为名优特产品的有五六十种。房山区大石窝镇通过对一株传承了600多年的"贡品"菱枣树进行接穗繁殖，与酸枣嫁接营造了一万亩枣园；平谷区北寨村的一株传承了几百年的"贡品"北寨红杏经繁殖已营造了万亩观光采摘园，每年游客络绎不绝；以名花如市花月季、菊花等，名果如昌平苹果、大兴梨、大兴西瓜等命名为"节"的不下十几处，诸如月季花节、梨花节、西瓜节、菊花节、苹果节等，散发着馥郁芬芳的农业文化气息。有当今科学培育的"迷你西瓜""迷你黄瓜""迷你番茄"和五颜六色的鲜食玉米、甘薯、番茄，有从国内外引进的名特优果蔬、花卉、彩色绿化树种及观赏鱼类，有国内外引进的名优畜禽良种等，如今的北京真可谓是世界农业名特资源或产品的"地球村"，聚集着东洋（日、韩、朝）梨、桃、苹果及西洋梨、葡萄、草莓、大樱桃，非洲菊、荷兰郁金香、欧美畜禽等，已建立起世界花卉大观园（丰台区草桥村）、葡萄大观园（通州张家湾镇、延庆张山营镇）、特菜大观园（昌平区小汤山）、西洋梨园（大兴区魏善庄镇）、草莓大观园（昌平区兴寿镇）、大樱桃基地（通州区西集镇）、四季花海（延庆四海镇）、郁金香花园、北京种公牛中心（首农集团）、小店种猪基地（顺义区）、玉都山观赏冷水鱼基地（市水所）等。还引种有中国南方及台湾区盛产的热带水果示范基地……有资料显示，京郊大地集聚果树资源 3 000 多种，特菜资源 1 500 多种，其中的葡萄良种资源 1 000 多种，成为现代农业发展的基础。

（三）有着强劲的科技支撑

北京农业地处首善之区，有着得天独厚的科技支撑优势。仅就北京市农林科学院而言，其科研创新已取得一系列重大突破性成果，支撑着北京农业由传统走向现代，由粗放式增长走向集约式增长。

在生物技术方面，研究培育成功早熟型玉米自交系"黄早四"并用其配置、选育出京早 7 号早熟高产、质佳的玉米单交种，经应用试验，与机械化配套成功地解决了小麦、夏玉米两茬平作中积温不足问题。京早 7 号玉米品种的推广应用，使北京地区一度推行的"三种三收"，很快被小麦、玉米上下两茬、一年两熟制所替代，农民种地轻松了，产量也高了。白菜、甘蓝曾是首都市场上维系菜市稳定的"看家菜"，种的面积不小，产量不高。为大幅度提高白菜、甘蓝单产，科研人员分别采用白菜"小孢子育种"和甘蓝自交不亲和系育种技术，培育成新 1 号、新 3 号大白菜新品种，亩产量超过 5 000 千克，并成功培育早、中、晚熟杂交甘蓝系列品种。这两种新品种的推广显著地提升了其产量和质量，高兴了农民，迎合了市场。北京地区种植西瓜供市民夏季消暑，其历史相传有六百多年，但曾没有自己的适口品种。直到 20 世纪 80 年代，北京市农林科学院蔬菜研究所的科研人员与日本西瓜专家合作培育出西瓜新品种京欣 1 号，在改革开放中转让给北京西瓜主产地大兴区种植，"一炮轰响"了大兴区农家瓜园，从此成了京郊瓜园的主栽品种，并推广国内大面积种植。之后，随着瓜市要求的变化，该所又相继培育出京欣 3 号及迷你西瓜新品种和无籽西瓜品种。为了提升西瓜育种的"自由"，他们又与国外合作研究出"西瓜基因图谱"，可极大提高按预定目标选用基因育种的自由度和预期性。玉米多功能育种取得突破性成就，已培育出粮饲兼用品种及甜、糯、水果型等鲜食玉米。基因指纹技术成功地应用于玉米育种早期性状预测和真伪种子检测，对加快育种程序和种子打假维护种业市场，保障用户权益都有重要意义。采用光温敏不育系进行冬小麦杂交优势利用已育成京麦 6 号等优良品种进入推广应用，此项深入研究已列入国家攻关课题。培育成功观食两用桃品种，花大且重瓣，色艳，花期长，具有很好的观赏价值，桃品可食，是桃育种史上的一项创新性突破。

在信息技术研究与应用方面取得具国内领先的成果。在国内率先掌握精准农业技术体系，又相继研究推出"大数据种地"并在国内多地垂范推广，成为国内该学科的主导者。信息技术在农业远程教育中开创了"北京模式"，让广大农民、农村干部足不出村、不误农时地接受远方教育和科技、市场信息，使科学技术转化为生产力。信息技术研究中心研发成功的温室自动调控系统已成为郊区农民操作现代农业的"指挥棒"，既快速高效，又能减轻体力劳动和大量人力投入。

在保障农业安全生产，呵护生态文明方面，北京市农林科学院植物保护环境保护研究所早在 20 世纪 90 年代就在国内首创果蔬无公害生产技术体系并日臻完善，为后来市政府倡导的"安全农产品生产"提出了技术支撑；北京市农林科学院植物营养与资源研究所研发出尿素氮肥包衣缓释技术，转让厂家生产出可控缓释包衣尿素肥，能按作物实际需要一次施用，可保障供给，做到省肥、省工、增产，还研制出灌溉装置，已投入设施菜田应用。该所已主持和承担了国家级农业面源污染治理重大课题的研究，在国内已产生了一定影响。

北京市农业技术推广站从 2008—2013 年在全市开展的小麦高产创建科研中，构建起"北京小麦高产指标化栽培技术体系"，2014 年在房山区窦店村 253 亩高产创建试验中开创了平均亩产 681.8 千克的高产纪录；2011 年的玉米高产创建中最高亩产达到 942.44 千克。

以上成果虽有的已历经多年的应用，有的如京早 7 号玉米已经淘汰，但它们为都市型现代农业不断配套科技支撑的创新精神不会褪色，更何况还有在京的中央科研单位和市属农业技术推广单位，他们都有很强的"面向"意识。因此，只要政府主管部门科学规划需求，做好顶层设计，让科研单位和科技人员有章可循，北京都市型现代的农业的科技需求是会不断得到满足的。据北京市农村工作委员会主编的《北京农村产业发展报告》（2009）资料表明，2008 年北京都市现代农业依靠科技进步的贡献率已达 76.17%。

总之，"科学技术是第一生产力"。北京有独特科学技术优势，伴随北京建设有中国特色世界城市的都市型现代农业的科技支撑会是不断创新的。

（四）具有提质、增效、富民的实力底蕴

在全国人民总体进入"小康"之后，党中央和国务院审时度势提出了以质量和效益为中心来发展经济事业。北京市也不例外，从北京农业实际出发在提质、增效、富民上下工夫。

北京发展都市型现代农业坚持"质量与效益为中心"，有基础、有保障（或依托）。

就基础而言：

1. 拥有有质量、有市场、效益高的唯一性动植（作）物资源　北京有传承百年以上并在继续开发的古代"贡品"资源数十种，至今质量兼优，市场热销，效益较高；有质量上乘，市场看好，效益较高的"京"字号物种，诸如北京烤鸭、北京油鸡、北京白鸡、北京红鸡、北京黑白花奶牛、北京黑猪、京白梨、京西稻、京欣西瓜、"京"字号鲜食玉米等；至少已有 20 个以上有国家主管部门认定的地理标志保护产品，它们是大兴西瓜、平谷大桃、昌平苹果、密云甘栗、怀柔板栗、昌平草莓、门头沟京白梨、门头沟京西白蜜、门头沟金顶玫瑰花、房山磨盘柿、延庆国光苹果、延庆葡萄、大兴安定桑葚、通州大樱桃、通州张家湾葡萄、平谷北寨红杏、丰台长辛店白枣、海淀京西稻、大兴庞各庄金把黄鸭梨、泗家水红头香椿、海淀玉巴达杏、佛见喜梨、平谷麻核桃等。北京市农业局在普查农产品地理标志资源的同时，还遴选出 68 个产品，列入北京市的地域特色农产品资源名录，包括 43 种果品、7 种蔬菜、4 种粮食作物等。

2. 拥有经营多年无公害农产品生产基地和经营企业　据资料显示，到 2007 年年底，北京已建立市级农业标准化生产示范基地达 1 020 家，503 个农业生产单位获得无公害农产品认证，61 家企业获得绿色食品认证，222 家农业生产单位获得有机农业产品转换认证。农产品质量追溯已覆盖蔬菜果品、水产品和畜禽产品等。经监测，基地合格率为 100%，蔬菜农药残留合格率为 95% 以上，畜禽产品兽药残留合格率为 98% 以上。

3. 拥有一批品牌产品　据北京市农委的信息显示，京郊涉农注册商标已达 4 500 多个，且每年都在增加。不少区县都把创品牌作为农业走向市场的基础工作来抓。

4. 拥有一批特产乡村　京郊大地，物华天宝，有些物产久负盛誉，成为一个地区的特产或优势产品，为人们所称道，包括：

西瓜之乡——大兴区。大兴区尤以庞各庄镇最为有名，种植历史已有 600 多年，为明清时期的贡品。

板栗之乡——怀柔区。怀柔区九渡河镇水长城地域还大片保存着明代栗园，是北京板栗出口的重要基地，古为贡品。

桑葚之乡——大兴区安定镇。保存有汉代的古桑园，盛产白色桑葚，古为贡品。

葡萄之乡——大兴采育、通州张家湾、延庆张山营。三镇都是现代发展起来的葡萄之乡。

大桃之乡——平谷区。平谷区大桃种植面积近 20 万亩，品种有白桃、黄桃、油桃和蟠桃四种类 200 多个品种。

京白梨之乡——门头沟区军庄镇。京白梨的种植面积千亩以上，已有 300 多年历史，为清代贡品。

鸭梨（金把黄）之乡——大兴区梨花村。该村鸭梨面积万亩，为明代贡品。

大枣之乡——怀柔区桥梓镇。桥梓镇有枣园上万亩，100 多个品种，被誉为"京郊大枣第一镇"。

苹果之乡——昌平区崔村镇。该镇以生产富士苹果著称，面积达 6 000 多亩，总产量 400 万千克以上。

草莓之乡——昌平区兴寿镇。兴寿镇以设施种植为主，总面积四五千亩以上 20 多个品种，年总产量 150 万千克。

磨盘柿之乡——房山区张坊镇大峪沟。大峪沟已有 600 多年植柿历史，盛产大磨盘柿，古为贡品。

香椿之乡——昌平区流村镇。该镇有香椿树 30 万株，历史 100 多年，每年四月举办"香椿采摘节"招引游客。

萝卜之乡——大兴区西红门镇。以产"心里美"萝卜为主，露出部分皮为绿色，埋土部分皮为白色，心为鲜紫红色，清代为贡品。

樱桃之乡——门头沟区妙峰山镇樱桃沟村。种植樱桃已有 800 多年历史，自金到清代一直是进宫贡品。现在种植面积 1 000 多亩，深受游客青睐。

虹鳟鱼之乡——怀柔区雁栖湖镇。雁栖湖利用百里冷泉水饲养虹鳟鱼，一是招游客观光，垂钓休闲，二是烧烤尝鲜，现在这条沟已发展为"不夜谷"。

玉皇李之乡——密云东邵渠镇石峨村。该村依山植李万亩，古为清代贡品。

金顶玫瑰花之乡——门头沟区涧沟村。种植玫瑰花已有千年历史，是过去和现在制作"京八件"不可或缺的原料之一，是北方地区玫瑰中出油最高的花，被称为"华北一绝"，其油价值赛黄金。

八棱海棠之乡——延庆八达岭镇帮水峪村，自古盛产八棱海棠，古为贡品。

京西核桃之乡——门头沟区是北京市核桃主产地，已有1 200多年的历史，是北京市核桃出口产品基地，该区尚有一棵树龄四百多岁的"核桃树王"，闻名全国。

御杏之乡——顺义区北石槽镇西赵各庄村。相传清皇乾隆微服私访路过时尝鲜龙颜大兴遂赐名"铁吧哒"（意为"最好，第一"），回京后便命臣到该村征地兴建"御杏园"一直传承至今。

香白杏之乡——门头沟区龙泉务村该村特产为香白杏，曾为清代贡品。

㞫㞫枣之乡——昌平区西峰山一带，盛产㞫㞫枣，现已被多地引种，枣形两端尖中间鼓便被称为"㞫㞫枣"，曾为清宫贡品。

京西稻之乡——相传是由清康熙皇帝从"御稻"品种中（早熟，优质、高产），吸取江南水乡种稻经验，利用香山下泉水栽种发展起来的优质稻米基地，曾为清宫贡米，现为特级大米。只因水源缺乏现只留下两千亩左右的种植面积。

御塘米之乡——房山区黄龙山下的高庄村玉塘附近。历史上该地泉水充裕，村民便辟地种稻，米质胜佳。清康熙皇帝驾临云居寺时，地方官以玉塘米招待。康熙尝后大为欣赏，钦定为"贡米"赐名"御塘米"，一直传承至今。长沟镇利用泉水种植稻两千多亩。

梨王之乡——密云不老屯镇黄土坎村。该村盛产鸭梨，已有600多年历史。清代皇帝乾隆品尝后便道："好个金黄如玉，耀眼生辉的仙品。"并连称"梨中之王"。如今已成该村重要的观光生产园。

红杏之乡——平谷区南独乐河镇北寨村。红杏为特产，已有百年历史，现已发展成万亩"北寨红杏"观光园，古为清代贡品。

北京黑猪之乡——北京首农集团北郊农场。该地是"北京黑猪"培育与开发养殖基地，如今的商品牌号为"黑六"，由专业公司经营。

北京鸭之乡——历史上有两说：一说是由东郊潮白河一带的小眼白鸭，人称"白河蒲鸭"经人工培育而来；二说是由南京白色麻鸭随着运河漕运来到北京，经在玉泉山下水草旺盛，鱼虾丰富环境下培育而成，已有300多年历史，是享誉中外的"北京烤鸭"的真身！

北京油鸡之乡——京北洼里。油鸡是清河一带的乡亲们由"九斤黄鸡"选育而成的，是清代贡品，距今300多年历史。爱新觉罗·溥杰称其为"宫廷黄鸡"，现由北京农林科学院畜牧研究所负责资源保存及产品开发。

宫廷金鱼之乡——北京早在南宋之后于金代起始养殖金鱼，鱼池在天坛附近的金鱼池，经不断选择培育形成富有不同特色的系列品种，并成为皇家的宠物之一，因之称为"宫廷金鱼"。如今已在通州、朝阳等地发展成万亩以上的观赏鱼基地，品种纷繁，出口创汇。

花卉之乡——北京丰台花乡。已有700多年历史，古代养花上百种，其中月季、菊花、芍药、白兰花、桂花、梅花、茉莉花、一品红、石榴花、碧桃花被称为十大传统名花。如今月季、菊花已为北京市花。

豆腐之乡——延庆永宁。起源于汉代，距今已有两千年的历史。到明代就流行着"从南京到北京，要吃豆腐到永宁"。如今豆腐已成该镇一项知名的产业。

麋鹿之乡——大兴区南海子麋鹿园。古为皇家狩猎园，八国联军侵略北京时将其掠空。直至 20 世纪 70 年代引渡部分回京，如今发展成为国内知名的麋鹿园。

特菜之乡——据说"特菜"一词由北京传出。早在 1983 年就着手引进国内外名特优新蔬菜品种资源建立"小菜园"，进行试验与选择，市农业局也相继建立农优站，在小汤山租地引种特菜，并组织上市试销，引起社会关注，特别是驻京外国人的喜好。由此，就把从国内外引进名特优新蔬菜统称为"特菜"。北京市农业技术推广站接管小汤山基地后就改称"特菜大观园"，进行观光教学和科普。

古树名木之乡——北京作为古代重镇和六朝古都，不仅留下大量名胜古迹，还留下了历经数朝的古树名木，它们是记载北京历史文明的年轮，为名胜古迹遮风挡雨，为红墙灰瓦雕梁画栋，增添生命的活力，被誉为绿色的文物，活着的化石。它们是古都风貌的代表，是北京悠久历史的见证，是呵护生态环境的卫士。据有部门调查，京畿有古树名木 4 万多棵，300 年以上的有 6 000 多棵。树龄最高的近 3 000 年。

北京地域不大，但域内古树名木密度则居国内都城之首。因年长称王的有：

柏树王——生长于密云新城子村西小山坡原关帝庙，经考证，此树树龄已近 3 000 年，树高 25 米，树干胸径长达 7.5 米，是北京市"古柏之最"。

九龙白皮松——树龄已有 1 300 多年，是已知世界上最古老的白皮松，现仍守护着门头沟区戒台寺。

银杏王——植生在密云巨各乡唐子小学内，树龄 1 300 多年，是北京地区"古银杏树之最"。

槐树王——生长在密云冯家峪乡上峪村长城脚下，树龄2 000多年，是北京地区"古槐之最"。

榆树王——生长在延庆千家店镇长寿岭村，树龄500多年，是北京地区最老的榆树，被称"榆树王"。

酸枣王，生长在京城花市，树龄已有800年，被命名为"北京酸枣树王"。

千年古青檀，生长在昌平区桃洼，已有2 000年，是北京地区最古老的青檀树。

5. 拥有一批国外资源集结地 这是"洋为中用"适应"地球村"人类交往的需要。北京奶牛中心，通过引进优良种牛建立起北京种牛场，经过多年的培育已育成"中国荷斯坦奶牛"新品种，年产奶水平均1万千克以上，接近国际先进水平，其良种牛冷冻精液在国内市场上占30％以上份额。华都集团通过引进、消化、吸收与创新，培育出适合机械化养殖的蛋鸡新品种——"北京白鸡"和"北京红鸡"等，其种质占国内市场的10％。在引进良种的基础上，全市建立起原种猪场8个，祖代种猪场45个，年供种猪能力占全市的60％以上，纯种猪供种能力占全国市场的17％。北京市水产科学研究所在小汤山、玉都山建有冷水鱼种苗繁殖地，其种苗在国内市场上占有"半壁江山"；昌平区建有引进的温水鱼"尼罗罗非鱼"等。这些国外良种源的集结地实际上就是都市型现代农业中的种业基地。此外，北京还拥有一批中外合作或外方独资的农业园区，知名的有"意大利生态农庄"（顺义区），拥有110余种来自意大利本土的果木和多种畜禽及技术设备；在怀柔区有外资的"鹅和鸭农庄"；在海淀区有"法兰西乡情旅游村"；平谷区大华山镇小峪子村和德国人合作建立千亩中德绿色有机果品示范园，所产果品销往德国；法国科研人员和中国农业大学合作，在大兴区建立肉牛养殖基地，生产高档牛肉出口；房山区以青龙湖镇为核心带，10个浅山区乡镇与法国"联姻"发展高端葡萄酒庄产业，打造以中西文化、田园风光为特色的集葡萄种植、民情酿酒、交易展示、餐饮娱乐、旅游、观光、科研教育为一体的葡萄文化产业节。这些合作创业为北京的都市型现代农业增添了异国他乡的农业风情文化，可让国人对其观而赏之，也可让洋人一解思乡之情。

6. 会展农业的蓬勃兴起也为都市型现代农业增光添彩，输送可续后劲 据资料显示，仅 2001—2010 年，在京召开的涉农国际会议或论坛有 24 次，举办涉农会展 55 次。之后又相继举办了"世界草莓大会""世界园艺博览会""世界种业大会""世界葡萄大会""世界食用菌大会"等。每次大会都给首都农业传经送宝。2014 年在北京延庆举办的世界葡萄大会就给张山营镇带来了世界各地 1 014 个名特优新葡萄品种。由此，该镇建起了"世界葡萄博览园"，园内成功地移栽了 38 株 50 年以上树龄的葡萄藤，其中树龄最大的已有 100 多岁，填补了国内高树龄葡萄植株移栽成功的技术空白。2014 年 5 月在丰台区王佐镇召开的"世界种业大会"，集中展示了多家国际企业，20 家国内企业和 4 所种研院所的 1 200 个新奇特作物品种，展区面积达 2 360 米^2，让世人集于一地可博览到"世界种业""中国种业""北京种业"和"种子天地"的创业的成果、动向及新经验。2013 年开创了"北京农业嘉年华"，在 2014 年第二届展示期间，集中展现了 60 多项农业新科技的应用，供观摩者学习。大兴区在筹办 2016 年世界月季洲际大会中于 2014 年已搜集到月季品种超过 1 000 个。

《北京日报》2010 年 4 月 10 日曾报道到"国际上流传着会展业对经济的拉动效应为 1∶9 的行业理论"是值得思考与遵循的。

由通州区创办的国际种业科技园，占地 22 000 亩，吸引来国内外的农业科研、种业企业等集聚在一起进行包括粮食、蔬菜、花卉、林果在内的良种培育及与之配套的栽培技术研究和示范推广工作，集中各类良种上千个，这里既是科学实验与创新基地又是不停办的农业科技成果露天展览园。

7. 农民具有一定的发展资本　据北京市统计局《北京农村统计资料》(2014) 显示：2006—2013 年，平均每一从业人员创造农林牧渔业总产值如图 4-1 所示。

单位:元

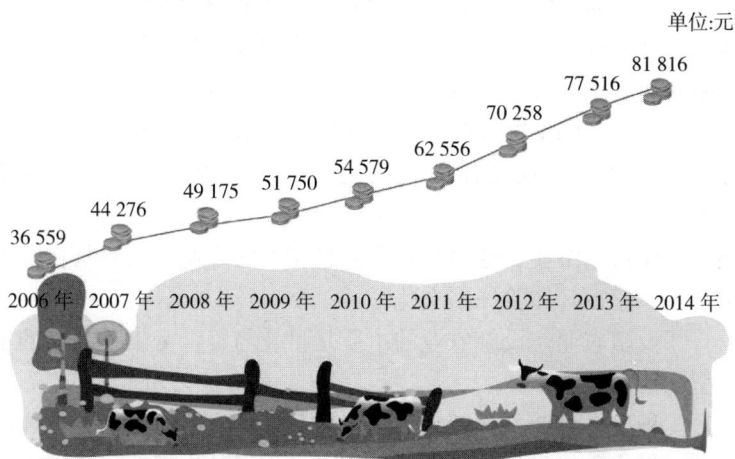

图 4-1　2006—2013 年平均每一从业人员创造农林牧渔业总产值

农林牧渔业的增加值由 2006 年的 887 956 万元增加到 2012 年的 1 501 997 万元；农村居民人均纯收入由 2006 年的 8 620 元提高到 2012 年的 16 476 元并呈现来源多元化的趋势（表 4-1）。

表 4-1　2013 年北京市人均纯收入组成

指标名称	金额（元）	增速（%）	比重（%）	贡献率（%）	拉动（百分点）
人均纯收入	16 476.0	11.8	100.0	100.0	11.8
工资性收入	10 843.0	63.2	65.8	72.6	8.6
家庭经营收入	1 318.0	−3.3	8.0	−2.5	−0.3
财产性收入	1 717.0	11.7	10.4	10.3	1.2
转移性收入	2 598.0	15.1	15.8	19.6	2.3

2012 年北京农村居民人均纯收入结构农村全面小康实现程度由 2006 年的 86.9% 提升到 2012 年的 94.2%；农村城镇化由

73.3％提升到 85.2％；新农村建设实现程度由 2006 年的 69.45％提升到 2012 后的 83.86％。

北京都市型现代农业增效的亮点是：

①观光休闲农业。观光休闲农业具多重叠加的增值提效点，即：产品、观光、采摘，带动相关产业和餐饮业等的发展。观光休闲农业对于游客来说可以使人们回归大自然，陶冶身心。随着人们生活水平的不断提高，人们的这种需求将越来越强烈。国内外的经验表明，观光休闲农业是一项"朝阳产业"且增值空间大。

②民俗旅游业。这是与农业息息相关的产业，主要是住农家院，吃农家饭，体验民俗文化。

③设施农业。设施农业的本质是科技与资金密集型投入的集约型增值产业。

④种业。种业是引起相关产业层次性"发酵"的产业，如原原种→祖代种→父母代种→生产用种，而好种出好苗，良种多丰收，产品优质优价……

⑤生态农业。生态农业不仅事关生产安全农产品，还事关维护和谐的生态环境与宜居，事关天、地、人的协调与和谐，其客观价值很高（表 4-2）。

表 4-2　北京都市型现代农业新的增长点（业态）

单位：亿元

业　态		收　入						
		2006 年	2007 年	2008 年	2009 年	2010 年	2011 年	2012 年
观光休闲农业		10.5	13.1	13.6	15.2	17.8	21.7	26.9
民俗民旅游业		3.7	5.0	5.3	6.1	7.3	8.7	9.1
种业		7.7	9.9	10.9	12.8	14.6	18.1	16.1
生态农业	贴现	5 813.96	6 156.72	6 306.95	6 496.21	8 753.63	8 968.15	9 182.07
	年值	721.44	793.31	839.95	874.25	3 066.36	3 241.54	3 493.39
设施农业		21.1	28.1	28.2	33.9	40.7	45.6	52.0

当然，都市型现代农业新的增长点或业态还有科技农业、循环农业等，但未见有如上的统计资料，此表空缺。大概是因为这两种业态的边界与其他业态很难划得清晰。

以上几种新型业态符合现代人的生活愿景，其生命力会随着人类为实现企盼而创新的推动不断提升。

8. 具有丰富多彩的农业文化积淀　农业是人类创造的产物，农业文化是人类创造农业意识与智慧的结晶。北京地区无论是古代还是现代农业一直是丰富多彩的，而且一直是积极向上的，即为人类社会进步提供正能量。

众所周知，农业是人类社会实践与历史发展中创造物质财富和精神财富的第一产业——还不是说今天一、二、三产业中排位"第一"，而是人类开天辟地所创的第一产业。正是这第一产业（农业）开创了人类社会文化与文明的先河。北京城的先祖蓟、燕最初"是从农业文明的土壤中萌发出来的……是一个扩大了的乡村，直到 20 世纪过去了将近一半的时候，北京的工业仍然微弱得很，聊胜于无而已。"（余钊，《北京旧事》，学苑出版社，2000）。可以说从原始社会、奴隶社会和几乎整个封建社会都是沉浸在农业文化与农业文明之中的，社会经济的百分之八九十是依靠农业，百分之八十的国民以农业为业。从大量古今有关讯息中可以看出，不论是远古的"北京人"还是后来的北京人，他们不仅勤劳，更富有智慧。

（1）人类的进化　据考古发掘和史料考证，"北京人""是原始人类发展过程中的一个中间环节"（北京大学历史系，《北京史》，北京出版社，1985）。他们大约于距今五十万年前发祥于北京房山区周口店镇龙骨山洞内。据对四十多具个体研究表明，"他们的体质和外形已经同现代人差不多"，其脑量均达现代人的 80%，已经有了简单的语言和思维能力。另据古人类学家研究认为，人类最直接的祖先是生活在距今 1 400 多万前的拉玛古猿。这种猿在非洲有，在我国云南省的开远县和禄丰县也都发掘到拉玛古猿的化石。据考证，拉玛古猿已能直立行走，使用天然棍棒和石块来获取食物，但还不会制造工具，到距今 200 万～300 万年以前才出现了制造打制石器工具的"猿人"。而我国到目前已发掘出土的猿人化石有云南省元谋县出土的"元谋人"，距今170 万年，有陕西的"蓝田人"距今约 80 万年，还有北京周口店遗址出土的"北京人"，距今 50 万～70 万年。徐自强先生研究认为，"北京猿人很可能就是从我国中原地带来的，他们到北京地区以后，以周口店一带依山傍水为家"，并演化出早期智人"新洞人"和晚期智人"山顶洞人"——其体质特征已与现代人没有什么差别。就比较而言，自古以来由一地向他地自为迁徙的人们，一般都是思维开放、勇于攀登、有志开拓进取的人。从考古发掘出土的遗迹中，确有展现"北京人"及其古代后裔们的天分：①距今 46 万前的"北京人"已能比较持续地人工用火取暖，烤熟食物；②在"北京人"居住的洞内发现有野猪与猿人共生关系；③"山顶洞人"已会制作原始的复合工具弓箭、长矛，考古学家贾兰坡院士称这里的石镞弓箭为"中国第一箭""天下第一箭"；④"山顶洞人"已会制作骨针，用来缝制衣服饰品；⑤"山顶洞人"开始对猪进行驯化；⑥"山顶洞人"已发明了新石器技术创新的四大要素——"切、钻、琢、磨"的最初萌芽；⑦距今一万年前的"东胡林人"成功地运用"切、钻、琢、磨"制作出用耕作和粮食加工的新石器，诸如石刀、石斧，石铲及石磨、石容器等，随之出现了原始农业，人们实现了村落定居；⑧在"东胡林人"和"转年人"的遗址中都出土有"万年陶"，比8 000 年前地中海东岸近东地区出土的陶器要早 2 000 年左右；⑨房山区镇江营一期文化出土的红顶钵——彩陶文化的原始萌芽，距今 8 000～9 000 年；⑩平谷区刘家河遗址出土了3 300多年前制作的我国最早的铁器（陨铁）——铁刃铜钺。

（2）在农业经营中历经神农、黄帝的教化　神农部落与黄帝部落都曾于北京地区活动过，两部落联合打败蚩尤，之后炎黄战于阪泉，炎帝败北。炎帝神农以教民稼穑、植五谷著称，所到之处必受其教诲；黄帝得胜后"邑于涿鹿"继续"修德振兵，治五艺，艺五种，抚万民，度四方"。《史记》记述他有六大历史功绩即：建都、建国、建年，建立法律秩序，建立农业文明，建立德治国家。当时的北京地区就是他的活动中心，"建立农业文明"当是其活动的重要内容了。

（3）多种农业文化的集结地　金元浦先生主编的《北京走向世界城市》中写道："北京地区是三种文化、三种文明的交汇之地。"这三种文化是来自中原的"仰韶文化"，来自东北的"红山文化"和来自西北的"游牧文化"。古代文化的主体是农业文化。因此，北京农业文化具有多元性。多种农业文化共融，无疑会提高农业的生产能力和农业的文明度。

（4）大量的移民带来的精明才智　在古代，北京地区一直是驻军要地，集结着来自四面八方的军士，他们平时为了增加自给，常常要屯田生产军需生活物资。东汉渔阳太守张堪领军垦荒引鲍丘水灌溉，教民种稻 8 000 余顷以殷富，所种麦子"麦穗两歧"，受到民众赞之；北魏驻军将领刘靖领千名士兵修戾陵堰和车箱渠等，"灌田岁二千顷，凡所封地百余万亩"，史称"水溉灌蓟城南北，三更种稻边民利之"。从汉代起几乎每个朝代初创时都从外地移民进京，开荒种地重新振兴农业，其中以明代移民规模最大。明成祖在迁都前后，曾数次从山西、山东、江南向北京地区移民，仅在大兴区就由移民建置村 72 个，顺义区也有若干移民村。明代还从江南招募农师到海淀昆明湖一带教民种稻。元代为在大都附近开垦农田发展种稻，从江南"招募能种水稻及修筑围堰之人各一千名为农师，教民播种"。

清代康熙、乾隆时期也从江南招募农民到京居住，推广水稻种植技术。为了应对城市人口大增对蔬菜的需求，明代从山西征调 900 户 2 000 余人，来京担负蔬菜生产任务。到明末，北京地区的蔬菜种类不但超过南方，而且在品质方面，黄芽菜（大白菜）等也成为海内的"绝品"。可见移民不仅扩充了北京地区的务农人口，同时也提升了本地区农业劳动者素质。

（5）农业文化古迹纷繁，遗迹遍布

①京西大峡谷——与非洲的东非大峡谷——奥杜威峡谷并称为人类文化起源的东西两大源头（王东等，《北京魅力》，北京大学出版社，2008）。它是以桑干河文化、永定河文化为主的京西河谷地带，内有泥河湾、东胡林、周口店构成的一个整体。这里南北两侧是太行山脉，中间是一条大河，今天官厅水库以上称桑干河，以下称永定河，下游由海河注入渤海。河两岸形成狭长的带状盆地，海拔 1 000 米左右，面积约 9 000 多千米^2，是一个相对独立的考古文化带，简称为"京西大峡谷"。这里从 20 世纪以来，发掘出中国乃至世界最为久远、最为丰富、最有系统连续性的史前文化系列，集中反映人类与文明起源的文化序列，源头可上溯到距今 200 万年前的连续系统的发展系列。至 2000 年止，中国发现上百万年以上的古人类遗迹 25 处，其中 21 处都集中在泥河湾，其他上述各处目前多半只是散见的个别发现。这是值得世人关注的。

②"北京人"的母亲河——永定河。据地质部门的考证，永定河高龄 300 万年，是"京西大峡峪"的重要组成部分，是"北京人"依山傍水生生不息的主体水系，是"北京人"名副其实的"母亲河"。而"北京人"也为之营造了"永定河文化"与文明。在漫长的自然风雨侵蚀中，她几移其道，给人类温柔，也给人咆哮；有放荡不羁亦有安于人间改造抚育绿洲……进入社会主义新时代，她上建水库（官厅），下疏河道，边植绿堤，摇身一变成为绿荫下的长龙。

③周口店猿人洞及遗迹，这里是拉玛古猿进化为原始人类的中间环节，是中华民族的发祥地。在这里，考古工作者们发掘出土石片和石器近 10 万件，发现"北京人"食余的朴树籽，豆科植物种子化石，野生的鹿、马、牛、羊、猪等兽骨遗迹。从出土

的原始人类文明中，考古工作者认定"北京人"在远古亚洲原野上，揭开了人类历史的序幕。

④连续而完整的石器文化。在现今京华大地上分布有（已出土的）旧石器早期、中期、晚期文化和新石器早期、中期、晚期文化，在十四个郊区县中几乎都有分布。但其迁徙顺序大致是由依山傍水山前河岸台地→平原河岸高地→平原。

⑤中国北京农业文明的源头——东胡林村和转年村。门头沟区斋堂镇东胡林村和怀柔区转年村都发掘出一万年前的新石器，分别处于太行山山前河岸清水河台地和燕山前白河河岸台地。在所发现的新石器中既有生产工具——石刀、石铲、石斧等，又有加工用具石磨盘、石磨棒、石容器，石臼等，还有"万年陶"。北京大学的考古工作者认定这些石器出于新石器早期，并由此认定这里是"中国北方农业的源头之一"，"翻开了人类文明的第一章"。

⑥铁刃铜钺及铁器的制作应用，开创了本地精耕细作农业文明的新阶段。北京平谷区刘家河遗址的发掘，出土有商代的铁刃铜钺，表明当时人们对铁已有了一定认识，并以陨铁制出铁刃铜钺工具来。但真正开矿冶铁制作铁器家具亦是春秋战国始。据考古发掘，在以今北京地区为中心的燕国境内，发现战国时期铁器的地点有 41 处（李晓东，《战国时期燕国铁器略说》），"其中发现铁器数量最多，最著名的地区，则是在今北京地区附近。"（曹子西，《北京通史》卷一）。在战国时期燕国地区如今已出土的铁制农具有锄、镰、镬、斧、凿、犁、耙、耧等一整套铁制工具。这也表明，从战国起北京地区即已进入精耕细作的传统农业文化时代。也正是铁器的广泛应用，大大提高了本地区农业综合生产能力，使作为燕国都城的蓟，成为"富冠天下"的名城之一。

（6）灿烂的都市型现代农业文化　历经一万多年的演进，北京农业已由旧石器时代采集、渔猎，向大自然掠夺为生的采猎农业过渡到新石器时代人工刀耕火种的粗放农业，再跨越到精耕细作的传统农业和集约经营的都市型现代农业。北京都市型现代农业的发展，给首都社会注入了光辉灿烂的现代农业文明，其底蕴内涵极为丰富多彩：①"古为今用"，继古开今，继往开来的古今共荣的农业文化；②"洋为中国"，中外融洽的农业文化；③创新驱动，可续发展的朝阳农业文化；④节约资源，呵护环境的农业文化；⑤科学布局，绿染京华的农业文化；⑥安全生产，生态宜居的农业文化；⑦景观怡人，价值连城的农业文化；⑧大美农村，梦想联翩的农业文化；⑨提质增效，惠农富民的农业文化；⑩产、加、销、农、工、商一体化的农业文化等。这些农业文化的聚合成势便构成北京现代农业文明的特色，是一般地区或其他都市农业难以比拟的。

　　农业文化或农业文明是发展和振兴农村旅游业的灵魂。文化是人类精神与意识的一种表达。没有文化意境的景物是不成景观的，因而很少有人问津。诸如延庆千家店地区木化石林，永定河畔的沙石坑，大兴区安定镇的古桑，庞各庄镇的梨等曾沉默无人问津（一般的生产经营不算）。在旅游业的推动下，各地纷纷开展旅游资源的开发，这种开发的本质就是向客观的景物注入人文观念和意识，使物性转化为人们可以感受的灵性与感悟，以致美感与向往，使自然的物转化为人们欣赏的景观。如永定河畔的沙坑变成国内外园林汇聚的园林景观；沉默上亿年的木化石群成人间公园；大片金把黄梨及其产地村被命名为梨花村；零落桑田经补植后命名为"千年古桑园"等。开发使客观存在的景物变成了人类文化的载体——景观。因为景观不仅能使人们知其物，还能知其文脉，即其蕴藏着的人文故事或传说，或人们对景物励志的嵌合，或是科学的渗透等。相传大兴区庞各庄镇现在的梨花村，过去叫南庄村，古今一直是一个远近有名的产梨村，在发展乡村旅游业中，人们就把南庄村改名为"梨花村"，所产梨品延用金把黄梨，并把梨花盛开时定为"梨花节"吸引游客观赏。那真是"春季到来梨花开，万亩梨园一片白。瞭望塔上观花海，引得游人八方来。"

吃瓜要吃脆沙瓤，吃梨要吃"金把黄"。如今，梨园灵果兮，散发浓香，吸引游客兮，来自八方。观光旅游兮，常来常往。攀树扶枝兮，采摘繁忙。

农业文化是人类在农业生产历史实践中所创造和积累的物质财富与精神财富的总和，是人类在实践中对农业生产及其生产过程中各种相关因素的投入和所产生的因果关系与可产生的社会影响的认识结果。它所包含的文化形态、寓意及其深度十分复杂，可以说是仁者见仁，智者见智，丰富多彩，给予人们的认识（知）是无限的。这是因为农业文化所涉因素是宽泛的——既涉及人文环境（包括天时、地利、人和、资源和人类劳动创造的实践与认识等），又有着无机世界与有机世界及生命与无生命的融洽。因此，农业文化比之非生物产业文化有其独到的特色：

①生机勃勃的生气。在毛泽东同志笔下生辉的有"一唱雄鸡天下白""莫道昆明池水浅，观鱼胜过富春江"（《七律·和柳亚子先光》）；"春风杨柳万千条，六亿神州尽舜尧"（《七律·送瘟神》）；"喜看稻菽千重浪，遍地英雄下夕烟"（《七律·到韶山》）；"已是悬崖百丈冰，犹有花枝俏。俏也不争春，只把春来报。待到山花烂漫时，她在丛中笑"（《卜算子·咏梅》）。在诗人笔下："忽如一夜春风来，千树万树梨花开"（唐·岑参《白雪歌送武判官归京》）；"竹外桃花三两枝，春江水暖鸭先知"（唐·苏轼《春江晚景》）；"离离原上草，一岁一枯荣。野火烧不尽，春风吹又生"（唐·白居易《赋得古原草送别》）；面对麦田，陶渊明曰"麦秋天气朝朝变，蚕月人家处处忙"；而唐·晁无咎则曰："穿鞋戴笠随麦陇，早日炎炎烟燎颜"；清·乾隆曰："平畴膏雨足，夏麦芃芃美。良苗将秀时，翠浪翻数里"。

②诱人感悟的灵气。松在植物进化史上是比较古老的。北京地区千家店镇发现的硅化木经科学考证是由距今 1.8 亿～1.3 亿年的松柏硅化而成的。至如今，松柏仍遍布世界，植根于高山之巅，因经风霜而挺拔不凋。孔子曾感悟道："岁寒然后知松柏"；

唐代园田诗人白居易则钦佩"寒松纵老风标在"的君子风度；唐代诗人李商隐观蚕有感道："春蚕到死丝方尽"；赵碫说"杨柳如丝风易乱，梅花似雪日难消"；唐代杜牧秋季观枫感悟道"霜叶红于二月花"。菊花是北京市花之一，其灵气是"不是花中偏爱菊，此花开尽更无花"。葵花的灵气总是向着太阳，并随着太阳转，当今的中国人认定中国共产党是中国人民的领路人，在人们的心目中就形成了"葵花向太阳，人民向着党"的信念。

③感染人格的神气。这里的"神"是毛泽东讲的"人总是要有一点精神"的"神"。在农业中确实存在着人们可以从中感悟洁身自好的神气。如北宋文人周敦颐在《爱莲说》中感悟道：荷花"出淤泥而不染，濯清涟而不妖"，称其为"君子之花"；唐太宗李世民有"疾风知劲草"；孔子言："岁寒然后知松柏"；北京紫竹院有题竹诗句："大雪压竹枝，虽低不沾泥"；李有"只争奇香不斗艳"的美德；月季有"人间不表春"之誉；玫瑰花在"一丛春色入花来，便把春阳不放回"的魅力；屈原赞兰花"气如兰兮长不改，心若兰兮终不移"；毛泽东赞梅花"俏也不争春，只把春来报"；玉兰花是一枝一花，刚劲俊逸，有诗云："一树玉兰满庭芳，淡雅素洁玉人妆"；明代徐敏中诗咏水仙道"花仙凌波子，乃有松柏心。人情自弃忘，不改玉与金。"

家畜是农家耕作之伴，在长期相随之中的人们不仅得其力，还成良友，称马"老骥伏枥，志在千里"（曹操），称牛"执著，无怨"，鲁迅先生曰："俯首甘为孺子牛"；羊能"在崎岖中前进"；猪"静养，捐躯"；鹅能"警惕维安"；鸭会"感恩赐给"，鸡则可"一鸣惊人"！人们在相识中感悟道："牛是农家宝，种地不可少"；马总是"勇往直前"……

过去，人们旅游观光多为进城走街串巷，观霓虹灯，逛商场，参观历史古迹等与一些无生气的景物、景观相望，其收获是"开开眼界"，见到大城市的繁华和古迹，抑或也有说学到一些新鲜事、影像和知识。而如今人们旅游的心情已呈多层次，乡下人多逛新城见识大世面和"山外青山楼外楼",而城里人则更多地向往回归大自然,放飞市井生活中的烦恼,享受大自然的风光,生气,灵气和神气。这些正是农田里所独有的文化魅力。即便是在城里研究成功的"死技术",到了农业上便彰显出生气、灵气和神气来,如昨天发黄的庄稼上了肥,浇上水过两天就神奇般地变得绿油油的,催得玉米苗拔节都能听到响声;采用毫无生气的温室种西瓜比露地种植早一两个月上市;在温室里装上"温室娃娃"就能遥控室中光、气、温,可不用人工——观察、调节;个小而酸的野枣树一经嫁接优良品种后便能结出个大而甜的大枣,其市场价格就能上去……

说农业文化的神奇还在于它与农村丰富多彩的民俗文化,人文景观和自然景观的耦合与交织,相得益彰。据市旅游部门公布的资料显示,全市第一批进入世界文化遗产的六项中有一半在京畿山区;全市 154 个 A 级景区有 115 个在郊区,占全市 A 级景区的 75%。另据市旅游局、文化局等单位联合公布的 2010 年春节活动中最具旅游人气的区县中有 7 个是远郊区县。

农业文化,乡村文化独具风格——清新、怡神,使人感悟万千,在生灵中求得自我解脱。久居市井的人只有下乡见到牛耕的场景,才会悟出鲁迅先生所倡导的"俯首甘为孺子牛"的精神,才会悟出"谁知盘中餐,粒粒皆辛苦"的道理,才会悟出荷花"出淤泥而不染"的人格风韵,才会悟到古诗云"春蚕到死丝方尽"的真谛,才能身临其境感悟到的北京是世界农业的"地球村",在这里好似登高远望到世界农业的"山外青山,楼外楼"……因此,一些用心旅游的人不无感慨地说:"耳闻目睹,豁达心灵,胜读十年书"。

回归大自然,放飞心声,求得净化是人们现代精神生活的共同追求。早在 21 世纪初,清华大学采用问卷的形式调查市民休闲游的意向,有 95% 的人表示随着生活条件的改善,将利用节假日下乡观光休闲旅游,体验农耕文化,观赏自然美景,品味乡间民俗文化，清新神志，滋养现代生活品位。清华大学的调查信息不仅被近十多年城乡旅游蓬勃兴起的实践所证明，而且展示出观光休闲农业游和乡村游将成为蒸蒸日上的"朝阳产业"、受到世人和市人的青睐！这对于日益走向国际化的大都市来说，农田不可无限减少，农业不可没有。因为农业是人类宜居与生活不可或缺的，尽管吃的可从外面引进来，而作为宜居的重要条件之一是不可能引进的。当然未来农业的模式和产业结构可能会顺势而变。

正是农业文化的生气与灵性十足，引得世人和市人纷纷选择乡村民俗游。据媒体近几年来的报道，每次长假或小长假，去郊区旅游人数的同比增长率和郊区游收入增长率都高于城区（绝对值低于城市）。如 2013 年"十一"黄金周，据《京郊日报》报道："本市的乡村民俗游规模较去年同其增长 12.7%，乡村旅游收入同比增长 16.1% 而全市旅游景点接待游客，比去年同期增长 2.6%，全市实现旅游总收入同比增长 3.2%。"另据《京郊日报》2014 年 2 月 7 日讯："春节假期期间，本市接待游客总量同比增长 12.3%，其中本市农村民俗接待游客人数同比增长 14.1%。而郊区自然山水类型的景区接待量同比增长 66%。"

9. 乡村自然界的价值丰厚　美国哲学家罗尔斯顿研究提出了自然界的 10 种价值：①经济价值，自然资源是人类开展经济活动的基础；②生存价值，又称生态价值，地球生物圈作为生命维系系统或人类生产系统的价值；③生命价值，人的生命与其他相联系，生命是普遍具价值的，必须尊重生命，维持种族延续；④科学价值，自然科学的基本目标是自然界，核心是未开发的自然现象及自然界发生发展的规律；⑤美学价值，自然界是美的，是人类的审美对象，人类精神生活的健康和充实，离不开自然界的完整、有序、和谐；⑥娱乐价值，自然界给人类提供娱乐、休闲的场所、令人愉快和欢乐；⑦多样性与统一性表现自然界的多样性和丰富多彩特点价值；⑧持续稳定与偶然性的价值，自然价值存在于有序的稳定性和无序波动性混合之中；⑨辩证的价值，反映自然界矛盾统一，发展与继承，变化与保守；⑩精神的价值，自然界发生文学、哲学和宗教，是人类精神最丰富的源泉。

据资料分析，自然界的 10 种价值在当今公认的四个世界城市发展中都有体现。因为自然是生态涵养的驻足之地，而生态涵养是现代社会与城市建设中的要点（王敬国，《资源与环境概论》，中国农业大学出版社，2000）。如今"最美好北京""最美的乡村"的那一"美"都凭借着自然界的绿叶"扶"。细数起来，北京的自然界是繁华多姿，美不胜收的。

（1）绿染京华　16 807 千米^2 的土地上，山川秀美，文化灿烂，风景名胜资源类型多样　至"十一五"，全市风景名胜区达 27 处，总面积 2 200 千米^2，占北京总面积的 13.1%，围绕着北京的东北、西北、西南，分布在北京市的 10 个区，形成了一道生态屏障护卫着京畿。它们具有观赏、文化和科学的价值，自然景物和人文景物比较集中，环境优美，可供人们游览、休息或进行科普教育活动，具有一定的规模和范围。在景区之间经飞机播种，人工绿化形成珠联璧合的绿色链，呈现出绿荫青山。在这条新链上嵌有八达岭—十三陵国家重点风景名胜区，其面积达 286 千米^2，簇拥有八达岭长城（图 4-2）、明十三陵、居庸叠翠（图 4-3）、银山塔林、沟崖、虎峪、礁臼峪和十三陵水库八个景区。由北部东西走向的燕山与西部南北走向的太行山于南口汇合形成一道"北京湾"式绿色屏障，在这道屏障中镶嵌着以百花山（图 4-4）、云蒙山为代表的山岳型风景资源，以石花洞、京西大峡谷、京东大溶洞为代表的溶洞型风景资源，以八达岭长城、十三陵、周口店"北京人"遗址为代表的名胜古迹型名胜资源等。在塞外，有面积达 620.38 千米^2，被联合国教育、科学及文化组织认定的"中国延庆世界地质公园"，其内涵极为丰富，包括千家店的硅化木地质公园、龙庆峡、古崖居、八达岭四个园区，这里是以十几亿年前海相碳酸盐岩为物质基础，以 1 亿多年前燕山运动地质遗迹为核心，集构造、沉积、古生物（恐龙）、岩浆活动及北方岩溶地貌为一体的综合性地质公园，它不只拥有丰富多彩的地质遗迹，还有长城、古崖居等著名的文化遗产。此外，还有松山自然保护区、玉都山景区等，这些景区植被资源茂密，景观层次错落，生物资源丰富多样，自然环境清新优雅，具有很高的生态价值和景观价值。北京西南的十渡景区总面积达 301 千米^2，是华北地区最大的岩溶峰林峡谷景区，以"青山野渡，百里画廊"著称，景区内有天然的"佛"字、"一线天"等众多极为罕见的地质奇观，并享有"天然氧舱""自然空调""人间仙境""世外桃源"之美誉。在平原地区有人工与大自然共同培育的观光休闲农业园 1 300 多个，其红黄绿蓝紫把无垠的沃野装点得"万紫千红总是春"，令游客陶醉，心旷神怡。

图 4-2 八达岭长城

到"十一五"末，北京市森林覆盖率由 35.47% 提高到 37%，林木覆盖率由 50.5% 提高到 53%，城市绿化覆盖率由 42% 提高 45%，人均公共绿地由 12.66 米^2 提高到 15 米^2。首都圈土地面积的 53% 被绿荫覆盖，呈现出"城市青山环抱，市区森林环绕，郊区绿海公园"的景象。生态环境指数达到 65.9。

从 2011 年起，按照"人文北京，科技北京，绿色北京"的理念，在开发山区沟域经济中提出了"山会招手，水会唱歌，树会说话"的目标，建设秀美富裕的新山区，京郊大地"三季有花，四季常绿，景不断链，绿不断线"，广大农村"以绿美村，以绿兴村，以绿富村"，已有一批村庄"村在林中，路在绿中，房在园中，人在景中"，村容村貌焕然一新。

图 4-3 居庸叠翠

图 4-4 百花山自然保护区

(2) 人类古文化遍布京畿（表 4-3）。

表 4-3 旧石器、新石器时代古人类文化分布

时代	时期	遗址名称	距今年代
旧石器时代	初期	周口店"北京人"	50 万～70 万年
	中期	周口店"新洞人"	20 万年
	晚期	周口店"山顶洞人"	1.8 万～2.5 万年
	晚期	王府井"王府井人"（1996 年发现）	2.5 万年
新石器时代	初期	东胡林、转年、北埝头、上宅、镇江营	7 000～10 000 年
	中期	雪山一期：马坑、邓庄、燕落寨、河漕	5 000～7 000 年
	晚期	雪山二期、三期：曹碾、燕丹、上甸子	4 000～5 000 年
		坑子地、刘家河、大东宫	

资料来源：谭新生等．北京通史简编．天津：南开大学出版社．2004．

旧石器是古人类初始劳动的第一产物，它们的特点是用原始的打制方法而获得具有各种形状的石器，最大的是厚刃砍伐器，较小的有双刃尖状器，还有刃部锋利的刮削器和两端刃器等。这些工具主要用于砍伐树木，刮削兽皮和切割兽肉，同时也用作狩猎的武器。

新石器是距今 1 万年前，人类采用切、钻、琢、磨制作多种功能形态的石器工具。由于其工艺制作水平的提高，其生产工效大大增强。旧石器、新石器都是自然的石料在人类不同阶段智慧下制作而成的，它们不只是物，而且是两种不同水平的石器文化。

"轩辕"即轩辕黄帝，我国古代时部落联盟首领，被尊为三皇之一、五帝之首，华夏民族的人文始祖。炎黄两族在共同打败九黎族后不久，他们之间又发生了大冲突，双方在阪泉地方接连发生了三次大战，最后炎帝族被打败。今北京地区为他的活动中心，"艺五种，抚万民，度四方"。其中"艺五种"即是教民种植五谷。据史料记载："汉武帝元封二年（前 109）北巡朔方，还祭黄帝冢"。唐代著名诗仙李白的《北风行》诗中"燕山雪花大如席，片片吹落轩辕台。"陈子昂的《蓟丘览古赠卢居士藏用·轩辕台》吟道："北登蓟丘望，求古轩辕台。应龙已不见，牧马空黄埃。尚想广成子，遗迹白云隈。"黄帝时期开创了华夏古国悠久的历史文明。平谷轩辕庙（图4-5）是我国黄帝纪念地之一，也是北京先祖文化的重要部分，这里的人民至少已有两千余年祭祀黄帝的传说习俗。近年来，轩辕庙内多次举办大规模的轩辕黄帝公祭大典，成为海内外游子寻根问祖、四面八方游客观光采风之胜地。

图4-5　华夏民族的人文始祖轩辕黄帝庙（衣冠冢）

（3）农业非物质文化底蕴深沉　北京农业非物质文化遗产资源丰富、底蕴深厚，是不可多得的农业文化资源，可开辟为农业系列的观光游览圣地。其中最为典型的有：

①先农坛——祭祀先农的地方（图4-6、图4-7）。先农坛是明清两代帝王祭祀先农、山川、神祇、太岁诸神的地方，以祭祀先农之神为主。始建于明永乐十八年（1420），是明代皇帝躬耕陇亩的地方。每年春季皇帝都要率百官犁田躬耕，以求国泰民安。

②祭祀谷神的祈年殿（图4-8）。天坛祈年殿是明清皇帝的祈谷神坛。每年冬至、正月上辛日和孟夏明清皇帝都会到这儿祭天、祁谷和求雨。

图 4-6 先农坛

图 4-7 清代皇帝领着群臣祭祀先农的阵容壮观

图 4-8 天坛祈年殿

③社稷坛（图 4-9）。社稷坛坐落在中山公园内，由五色土组成，是祭祀土地神宇五谷神的皇家祭祀坛。

图 4-9　社稷坛

④先蚕坛（图 4-10）。位于北海的先蚕坛，是以皇后为首祭祀蚕神的坛，是清代皇后行亲桑之礼的地方。皇后躬桑要有嫔妃、公主以及亲王夫人和文三品官武二品官以上夫人陪同。古人云："天子亲耕于南部以供粢（古代谷类总称）盛。皇后亲蚕于北郭以供纯服。"他们认为"天子之尊非莫为之耕地，而必躬耕，以供庙之粢盛。后妃之贵非莫为之蚕也，而必躬蚕，以为祭祀之

图 4-10　先蚕坛

服饰。"但古代诗人对此为有言云"昨日入城市,归来泪满襟。遍身罗绮者,不是养蚕人。"

⑤清代创建的北京农事试验场。图4-11为民国初年拍摄。此时,"农事试验场"(含万牲园)已改名为"中央农事试验场",大门上还悬挂着五色旗。后来这里又先后改名为"北平农事试验场""国立北平天然博物馆""北平市农林试验场"等。1949年由北京市人民政府接管后定名为"西郊公园",1955年改名为"北京动物园"。园名由毛泽东主席题写,沿用至今。农事试验场或中央农事试验场是中国于清朝后期创办的第一所科研与技术推广单位(机构)。清末含万牲园内的观稼轩位于万牲园北围墙内,又名自在庄,轩前种有菜圃。图4-12为在观稼轩中观光游览的游客。

图4-11 北京农事试验场

⑥清代耕织图(图4-13)。位于昆明湖畔。

⑦二十四节气柱(图4-14)。以农历二十四节气为主题的24根"节气柱"继古开今在北京市永定门东南护城河北岸竖起。二十四节气柱分为4组,分别代表春、夏、秋、冬四季,每根柱子上都刻有节气名称、介绍等。二十四节气是在春秋战国时期形成的。二十四节气是我国劳动人民创造的辉煌文化,它能反映季节

图 4-12 在观稼轩中观光游览的游客

图 4-13 乾隆皇帝御笔亲题的"耕织图"石碑

的变化，指导农事活动，影响着千家万户的衣食住行。我国的主要政治活动中心多集中在黄河流域，二十四节气就是以这一带的气候、物候为依据建立起来的。远在春秋时代，就定出仲春、仲夏、仲秋和仲冬等四个节气，后不断地改进与完善，到秦汉年间，二十四节气已完全确立。公元前 104 年，由邓平等制定了《太初历》，明确了二十四节气的天文位置。

图 4-14　二十四节气柱

在古代，一年分为十二个月纪，每个月纪有两个节气。在前的为节历，在后的为中气，如立春为正月节，雨水为正月中，后人就把节历和中气统称为节气。

二十四节气是根据太阳在黄道（即地球绕太阳公转的轨道）的位置来划分的。视太阳从春分点（黄经零度，此刻太阳垂直照射赤道）出发，每前进 15°为一个节气；运行一周又回到春分点，为一回归年，合 360°，因此分为 24 个节气。节气的日期在阳历中是相对固定的，如立春总是在阳历的 2 月 3 日至 5 日之间。但在农历中，节气的日期却不太好确定，以立春为例，它最早可在上一年的农历 12 月 15 日，最晚可在正月 15 日。现在的农历既不是阴历也不是阳历，而是阴历与阳历结合的一种阴阳历。农历存在闰月，如按照正月初一至腊月除夕算作一年，则农历每一年的天数相差比较大（闰年 13 个月）。为了规范年的天数，农历纪年（天干地支）每年的第一天并不是正巧初一，而是立春。即农历的一年是从当年的立春到翌年立春的前一天。例如

2008 年是农历戊子年，戊子年的第一天不是公历 2008 年 2 月 7 日（农历正月初一），而是公历 2008 年 2 月 4 日。

（4）水惠京华　水是生命之源。《管子·水把地篇》中讲道："水者何也，万物之本源，诸生之宗室也。"老子《道德径》云："上善若水，水善利万物而不争。"俗话说："景无山不青，无水不秀也不活"。我们的老祖宗"北京人"在手无寸铁的情况下靠依山傍水生生不息，繁衍进化到现代文化与文明。北京地区大约在 20 亿年前，也有人认为在大约 17 亿年前，曾发生翻天覆地的地壳运动，运动的结果是地壳大幅下降，海水大面积侵入，原来的陆地变成了汪洋大海。这次海侵大约持续了 10 亿年（王永昌，《山水北京》）。之后经历史变迁，沧海桑田，到距今两千多年时，北京平原地还是湖沼泽地。就是到了 20 世纪 70 年代，北京地区的沟（排水沟）、河、湖沼还是碧水荡漾。自 1972 年起直至今，因大气变迁，天气干旱，沟渠干涸，河道断流，泉流枯竭。新中国成立后，大兴水利，建起大中型水库 84 座，承接着天上降水、过境流水、山泉雨洪等。它们散布在京郊大地上，仿佛是一颗颗明珠。最让北京人自豪的莫过于永定河和密云水库了。永定河有 300 万年历史，被尊为"母亲河"，"京西大峡谷"主要由它冲击而铸成。这条河自古以来一直受到重视，传说大禹治水时就到过这里对永定河进行疏浚。从魏晋以后几乎历朝历代都寄托从永定河引水垦田种稻以济民养兵护防。密云水库（图 4-15），号称首都的"一盆水"。这是新中国成立后兴建的一座保首都供水的水库，曾是华北地区最大的人工水库。尽管因长期干旱存水不多，但在南水北调中它又承接着蓄水池的功能。这里生态盎然，空气清新，库体宏伟，是一个环境怡人、景观灿烂的旅游胜地。

北京地区水文化妙趣横生，除了上面的永定河文化、水库文化外，还有古池文化。居于京西的莲花池，据传距今已有三千多年的历史，自古莲藕满池，每到莲花盛开时便引来游客络绎不绝。

图 4-15　密云水库

（5）湿地文化　据资料显示，距今两千年前，北京小平原还是一片湖沼泽地，北京曾是建在湿地上的城市，至今尚有湿地面积约 40 万亩，占全市总面积的 1.6%，是平原面积的 3.8%。现代人从生态学考量，称湿地为大地的"肺"，因它是自然生态系统中自净化能力较强的生态系统之一。目前，北京市已建立 6 个湿地自然保护区，其中比较显要的是延庆的野鸭湖、顺义的汉石桥湿地和大兴区的南海子湿地（图 4-16 至图 4-18）。

图 4-16　延庆野鸭湖

图 4-17 汉石桥湿地

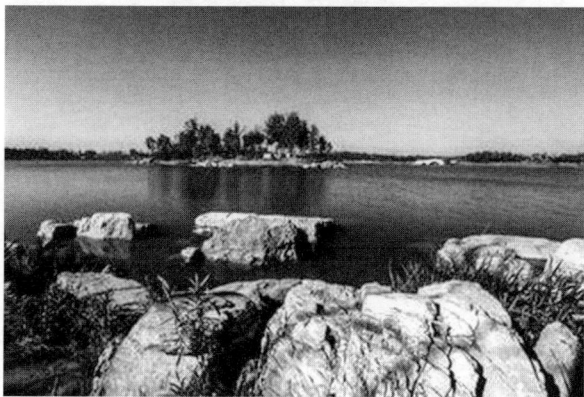

图 4-18 南海子湿地

(6) 农业的景观文化 农业景观文化是新世纪以来新兴的以观赏为主的一种农业文化形态。它是在选定"色"和"神"的基调下着重于规模经营,打造和注重宏观视觉(野)效果,一般以卖票盈利为主(图 4-19 至图 4-23)。

(7) 低碳农业文化 低碳农业是减少温室效应,改善大气环境,维持世界生态和谐的一项重要举措,已引起世界性社会关注,并采取措施加以落实。发展低碳农业的要点一是碳汇,二是

图 4-19　延庆千家店百里画廊

图 4-20　四季花海

图 4-21　紫海香堤

图 4-22 装点北京的油菜花

图 4-23 香山红叶

减排。发展碳汇能力强的植物和作物良种，如碳四作物玉米等；发展设施农业，实行立体栽培或种植，大田发展间作套种，多层次提高绿色面积和光合作用以清碳；发展节水、节肥、节能、节药、节地"五节"农业和秸秆资源化再利用以减少碳排放。发展低碳农业是一项新兴而新型的农业，生产者欢迎，环保者欢迎，旅游者亦欢迎。据北京低碳农业协会调研估算，京郊农田碳汇潜力达 2 000 万吨二氧化碳当量，不仅能抵清农业源碳排放，还能抵消 6%～10% 的总量排放。2008—2012 年，北京市农业减源增汇 1 300 多万吨二氧化碳当量，其中种植业和养殖业共可减源 430 万吨二氧化碳当量。碳汇农业已带动碳汇、减排科学技术研究以及碳汇市场的发育，催动生态利益向经济利益转化，带动了农业的洁净生产和潜在的生态价值。可以预料低碳农业将是乡村游中新的兴奋点（图 4-24 至图 4-28）。

图 4-24　设施中的立体种植

图 4-25　节能日光温室

图 4-26 水肥一体化

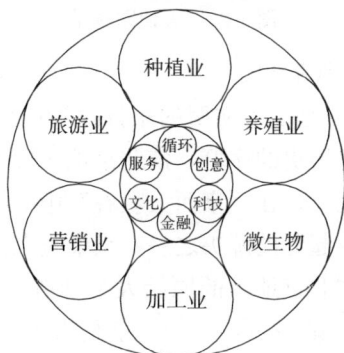

多功能大循环农业图

图 4-27 种养业废弃物的资源再利用

中国是世界四大文明古国之一。因中国人民凭借自身的智慧和勤劳并持之以恒的创新发展，直到元代乃至明代仍是世界强国，农业走在世界前列。只因清代闭关锁国而落后，再加之帝国主义列强无端侵略和国民党反动派挑起内战，使国力一度衰弱。新中国成立后，在中国共产党领导下，奋发图强，如今又成为了世界第二经济大国，屹立于世界的东方。北京早在元代曾为世界城市，其市场繁荣是"世界诸城无与能比"（马可·波罗语）。如今又再度崛起成为国际化大都市，是世界东方明珠之一，并为中

图 4-28　大地园林带

华民族伟大复兴而履职尽责。

　　"京西大峡谷"是人类文明的东方源头；"北京人"的出现，揭开了北京地人类历史的序幕，使北京地区成为世界上最早进入人类社会的地区之一；在"京西大峡谷"中的门头沟区东胡林遗址是中国北方农业起源的源头之一；京畿是东方农业文明的源头之一，学界认定"北京地区的原始人类创造了最早的人类文明，掀开了人类历史的第一页，——北京是人类文明的东方源头之一"。传承中华文明，守住民族之魂，是当代北京人建设有中国特色世界城市应有的责任担当，也是创新都市型农业、发展服务型农业文化的基石。

三、都市型现代农业可持续发展的走向判认

（一）可持续发展的判认

　　耕地和水等资源约束的"瓶颈"虽难以松动，但可破解增效，即采用现代科学技术和装备来提升有限资源的利用效率和效益，让有限的资源承担起都市人在现代生活中的需求，如追求生

活（包括餐饮生活，休闲生活，文化生活等）因素的鲜嫩活、名特优、清新自然及富有生灵的文化氛围等；追求生态宜居和回归自然，返璞归真；追求安全健康；追求古今中外科学文化等。这些追求在现行生活中，使都市人乐在其中，与之相适应的都市型现代农业也已积极地作出响应，如耕地锐减，但通过发展设施农业，可在有限土地上通过立体种植、周年生产、茬口安排、品种配置等，使单位面积产出比露地生产高出许多倍的产品和效益。由于土地和水的稀缺，人们不会用其经营大路货农产品的。应该说，目前北京农业中的精品生产已成主体，农村已成为市民休闲的腹地，农业除了出产品外还是观光体验的阵地。农地的复种指数和增值空间大大提高。

农业用水在保证产量、品质的同时着力于节约用水。如今农业用水的利用系数已由过去 30％～40％提升到 71％。在节地、节水的同时，农业的质量与效益在提升。据《京郊日报》2014年1月24日报道："2013年本市粮食、蔬菜、瓜果播种面积和果园面积普遍减少，全市农产品产量下降。"但这一年"农业观光园和民俗旅游产业总收入为 37.6 亿元，比上年增长 4.5％。"这一年在"主要农产品产量下降"的情况下，"第一产业实现增加值 161.8 亿元，按可比价计算实际增长 3％。"从这段报道中可以大致看出，随着都市型现代农业的功能开拓和业态创新，农业的质量与效益明显提升，特别是农业服务领域拓宽，增值空间扩大。如观光采摘、休闲、涉及入园门票（有的免费）及产品增值——旅客采摘价要比农民自采上市价高许多，还有配售的纸箱收入及节省农民采摘劳务用工等。这一年农民人均纯收入达到18 337 元，人均生活消费现金支出为 13 553 元，同比分别增长11.3％和 14.1％，收支增幅都超过城镇居民。

从主要农业资源（耕地与水源）"瓶颈"制约的严峻与农业（大农业）总产值和增加值及农民人均纯收入连年增长共存的兆头中，可以判认北京都市型现代农业可持续发展的方向重点是转型服务——产品服务、休闲服务、"窗口"服务，包括以下五个方面：

1. 创新生产力，不断提升可再生资源（劳动力，生产资料和科学技术等）的转化率和产出率及增值率 这就要求要不断创新并推出先进实用、高效的科学技术成果，不断提高农业的"第一生产力"水平及综合应用能力。要不断向农业生产者和经营者灌输先进、实用技术，提高他们的科学文化素质，以提升农业文化品位，要不断向农业生产经营者提供先进、实用的生产资料，以提升农业的投入产出效率，用有限的资源获得更高的效益。

国内外的实践表明，人们受教育程度每上一个台阶（小学、中学、大学），其创业投入在同一水平上的增效为 1∶10∶100。

2. 创建农业新业态，不断提升农产品供给服务水平和农业文化服务品位 农业产品服务是古今以来以及未来的基本职能。鉴于北京是国家的首都，国际化大都市，但所属辖地只占国土面积的 0.17%，其农业生产能力是不能承担首都全部供给的。而农业的非物质服务——特别是农业文化服务可以是无限的，如观光采摘服务、休闲服务、民俗旅游服务等。

2014 年世界葡萄大会，把延庆带入了走向世界舞台的快车道。2015 年承办世界马铃薯大会，并在筹办 2019 年北京世界园艺博览会等，将世界目光聚焦在了延庆，为发展注入了新动力。

世界葡萄大会后，葡萄主题公园汇集了 40 多个国家 1 014 个新品种，是世界上品种最多的葡萄种植区，游客络绎不绝。

3. 以质量与效益为中心，发展精品（名特优新奇）生产，应对中高端市场需求，提升惠农富民水平 这就需要持续（与时俱进）调整农业结构，迎合市场，发展鲜嫩活，土特名优产品及外埠不可替代或难以替代的一些唯一性产品和风险性农产品等。这些产品是国家首善之区不可或缺的，况且北京地区无论是种质资源、生产技术，还是产品市场都是具备的或有条件做到的。北京历史上的"贡品"传承到今天已有几十种建成了规模化生产基地，如平谷北寨红杏万亩基地、顺义铁吧哒杏御杏园、门头沟京白梨基地、大兴金把黄梨万亩基地、房山菱枣万亩基地等，可算得上是本地区农业上的唯一性产品，其品种效益都走俏。用现代科技培育与生产成功的唯一性产品也不断涌现，如燕红板栗、北京白鸡、京欣西瓜等。

4. 营造农业文化"地球村"　我国对外引进作物资源是从西汉时期张骞三次出使西域开始的，当时引进了核桃、葡萄、石榴、蚕豆、苜蓿等，汗血宝马也是西汉时从大宛引入的。现在北京地区繁殖的许多畜禽良种均由国外引进。不过古代引种的目的不在文化而在于增加与丰富农业生产品种和产品。真正讲究农业文化交流的要算从 20 世纪 90 年代中期以来，以创建观光休闲农业为起始。因为若观光休闲农业或体验农业离开了文化品位，它们只是物或产品，只能给人们物质营养或物质感受，难有精神上的感悟或愉悦。但事实上凡由人工培植出来或生产出来事物都蕴含有文化，因为它们都渗透着人类的智慧与意念，在一定意义上它们是人工塑造之物，有许多农作物经画家将其跃于纸上便成为价值连城的文化产品。一个国家、一个地区、一个农户农业文化丰富多彩，就彰显出这国、这地、这户繁荣昌盛，温文尔雅，感悟者也会从中获得精神上的享受。中国人需要学习外国先进的东西来丰富自己的家园，利用首都作为国际交流中心的便利引进国外先进农业文化把北京这个"地球村"做强做实当是北京走向世界城市建设中一项不可或缺的要务。在农业"地球村"中当然要"以我为主"，更要"继古开今"把优良传统继承下来，把新创的东西展示出来，把国内的好东西融进来，让来京的国人和洋人从这个"地球村"就能尽兴地看到世界农业的花儿朵朵，回味家乡的饭菜香。

5. 营造良好生态环境，建设宜居乐园　生态文明已被提到国家五个文明建设之一，而生态文明的体现，就大环境来说，应是山青（这青不是青石板而林木草的覆盖），水秀；农田是农作绿色覆盖；道旁、河岸是柳暗花明；湿地是草丛叠嶂；村镇、城市是森林拥抱，锦簇人家；四季常青，三季有花，冬季则是银装素裹。凡属林木绿化的地方都应乔木、灌木、草坪结合，有许多鸟类喜栖荫蔽的灌木与草丛中。北戴河及黄金海岸沿岸是典型乔木、灌木、草坪结合，丛林清静，喜鹊高立枝头，小鸟丛中串飞鸣叫，可谓鸟语花香不绝成行。但其行间树底则无草皮灌丛，可依稀见到喜鹊高攀树巅，但不见嬉戏的小鸟。这种森严而寂静的环境大概算不上真正意义上的生态文明，至少尚存一段距离。

应该说，时至今日，首都的绿色生态框架基本形成，成绩斐然，但就生态结构的优化或良性配置来说尚有大量工作可做。

(1) 层次结构 绿化地段应是乔木、灌木、草坪三个层次协调配置，让高、中、低及喜光、耐阴植物各得其所适空间，相互依赖相得益彰，并提高单位土地面积上的绿色覆盖度和生态效益和经济效益，更有效地防止水土流失。尤其是河湖岸边及渠道两旁都应按此法进行再绿化。

(2) 林分配置注意景观化 单一树种不仅景色单一，生态效果也有局限。如高处绿叶簇拥，根部黄土一片，溜行（巷）风一过尘土照扬，当然两种以上树种混交，需选用共荣树树种，如杨树与洋槐等，杜绝相克树种，在这个前提下建立彩色混交林，以提高人们对林地的美的感受。

(3) 乡村家前屋后种植绿篱 绿篱可种菜、种花、种草，不留白地起土。

(4) 湿地植物注意多样性，并加强管理 提高景观的艺术形象，保护湿地有益动物，如野禽及蛙类，提升湿地的生气。

(5) 农田建设及种植应提升景观设计水平 要林网配套，种满种严，不留死角，不留荒边；存水或干涸的大型渠道或小河岸边应种植一定幅度灌木或芦苇，既可防暴雨冲蚀河岸，又增添河道绿带，吸引鸟禽，营造大自然的生气与灵气。

（二）客观面对"瓶颈"，全力打造都市农业"升级版"

北京都市型现代农业实施近十年来，面临的"瓶颈"制约是十分突出的，其中最为突出的是用水匮乏和耕地锐减。水是农业的命脉，耕地是农业的立足之本。20 世纪 70 年代农业年用水量高过 24 亿米^3，到 2014 年下降到 7 亿米^3，耕地由 1979 年的 769.5 万亩减少到 2009 年的 340.8 万亩，以至 2014 年的 170 万亩，而农村农业人口与 1949 年持平，为 258 万人，而城市人口则暴增，1949 年以前，北京地区最多只有 220 万人口，人均水资源量为 1 180 米^3，而 2014 年达 2 200 多万常住人口，人均水资量却只有 100 米^3，这其中的大多数人虽不务农，但其生存离不开农产品供养。农业缺水，首先是因为降水减少。20 世纪中叶以来，北京地区和全国一样，天气变暖，中国气象局局长郑国光揭示，现如今，中国的气温平均每十年升高 0.23℃，变暖幅度几乎是全球的两倍。高温、干旱（南方还有暴雨、台风）等极端天气气候趋多增强。从 20 世纪 70 年代以来，年降水量一直没有达到历史上多年全年平均降水量的 644.2 毫米。北京市最大的水库总库容为 42 亿米^3，但多年来处于死水（约 7 亿米^3）状况，严重超采地下水，出现 1 000 多千米^2 的"大漏斗"。另据资料显示，全市平原地区地下水超采区总面积达 6 494 千米^2，超采区平均地下水位埋深 34 米以上。其中顺义地下水位平均埋深超过 40 米，木林镇后鲁各庄村超过 49 米；密云统军庄地下水位为 48 米，平谷区平均地下水位在 30 米左右。

北京地区水资源涵养来自四个方面：①自然降水，这是水资源涵养的主渠道，1999 年以来，年均降水量只有 480 毫米，为以往多年平均降水量 585 毫米的 82%，年均形成降水量 21 亿米^3，仅为多年平均年水量的 56%；②地下水，已严重超采；③地表水，主要是过境水，再就是河湖、沼泊积水；④再生水。其总资源量约 37.4 亿米^3，人均水资源量已从多年前的不足 300 米^3 降到近几年的 100 米^3 左右，不到全国的平均水平的 1/20、世界平均水平的 1/80。农业用水总量已由 2001 年的 17.4 亿米^3，减少到 2011 年的 10.9 亿米^3，其中用清水（新水）8.0 亿米^3，再生水 2.9 亿米^3 由占全市用水总量 45％下降到 30％；到 2014 年农业用新水量降到 7 亿米^3，预计到 2020 年农业用新水量减少到 4 亿米^3。

其次就是生态脆弱这个"软瓶颈"。说生态脆弱是"软瓶颈"是相对于农业对土地与水的绝对依存性而言的。因为生态与农业具有同一性，生态协调的主宰是树木，它们与农业有同源、同质性，如森林与牧草同属于大农业范畴。但它们又具相对独立的稳定性，如森林、草场等要形成和维持有效的生态环境必须具有相当的规模与生势及性能，在一定的地域内必与农业争占天地。这种争占与农业存在同一性一面，其对农业的影响与制约可称之为"软瓶颈"，如山区退耕还林、还草，平原地区农田转变为林地以为生态屏障。北京地区自古以来就一直存在着冬季风沙的危害。从 20 世纪 70 年代以来又遇干旱少雨雪，虽然林木覆盖率不断提升，沙尘减少，但雾霾现象仍较突出，特别是随着城市的快速发展与扩张，基础设施如土建工程等及汽车尾气排放物等造成空气污染，已到了人们难以忍受的程度。为了强化以绿治污，净化环境，修复生态，政府决策退耕造林，从 2012 年起到 2014 年完成平原地区造林 100 万亩，形成"森林进城，公园下乡"新的固绿天地，以期提升治理风沙扬尘及 PM2.5 颗粒物对环境不良影响的水平。

为了应对城市建设、生态建设、雾霾治理的强势争地、争水的大局，营造首都天蓝、地绿、山青、水秀的宜居环境，只能由农业量力让出耕地，并让用新水大户放下身段大力节约用水，在有限额度资源内创新发展高效用地、高效节水农业。

1. 宗旨 2015 年 4 月 2 日，北京市农村工作电视电话会议提出，北京"三农"工作要立足服务首都城市战略定位，在大格局上谋划发展。要在深化农村改革中，加快转变农业发展方式，扎实推进新型城镇和新农村建设，农业农村经济保持稳中有进的好势头。以"土地流转起来，资产经营起来，农民组织起来"为抓手，推进农业发展水平进一步提升，新型城镇化步伐加快，农村民生得到改善，郊区生态环境建设不断加强，农业服务能力进一步增强，农村社会呈现和谐稳定的好局面。

要用全局的观念来把握北京农业发展的阶段性特征；要认识郊区是北京发展的战略腹地，也是首都重要的生态屏障，在生态文明建设上要唱好"主角"，为宜居之都建设提供有力支撑；要努力调整退出低端低效产业，把空间优势做优，实现"瘦身健体"，在大众创业，万众创新中破解"瓶颈"，立足新形势，围绕新目标，扎实工作，努力把都市型现代农业提高到新水平。

2. 在生态保护红线中发展新农业　北京城市总体规划修改中首先研究"划定生态保护红线"。据《北京日报》2015 年 3 月 12 日讯：北京市"山水林田湖"现状生态资源的总量约达 1 万千米², 占市城面积的 61%。本次总规划修改则根据山区和平原区不同的生态资源基础及保护目标，整合现状生态用地、法定生态控制地区和规划重要生态空间三部分要素，划定全市层面的生态保护红线，总面积约占市域的 70%。在"红线"内形成完整的市内第一道绿化隔离地区——"城市公园环"，与第二道绿化隔离地区——"郊野公园环"共同构成北京城乡公园绿地体系。

这占市域面积 70% 的生态保护红线和城市公园环、郊野公园环的设定囊括了都市型现代农业五个圈层布局中市域内的四个圈层，即城市农业发展圈、近郊农业发展圈、远郊平原农业发展圈和山区生态涵养农业发展圈。未来必将对都市农业的生态功能，提出更高的要求，"十三五"的农业创新者应有清晰的认知和担当。

3. "十三五"都市农业"升级版"的基本框架

（1）结构规模的调整　减半粮田，粮经作物耕地面积由 2013 年的 170 万亩减至 80 万亩；增菜地，其种植面积由 2013

年的 59 万亩增至 70 万亩；畜禽养殖占地 2 万亩，稳定奶牛存栏量 14 万头，蛋鸡存栏量 1 700 万只；稳定水产养殖面积 5 万亩；调减生猪年出栏量 1/3，至 200 万头，调减肉禽年出栏量 1/4，至 6 000 万只。优化农业结构及布局，发展高效农业。80 万亩粮经作物分别为籽种田 30 万亩，旱作田 30 万亩，景观田 20 万亩。

（2）提质增效　总的走向是调粮保菜，做精畜牧水产业，优化农业空间布局。具体抓手为：80 万亩粮经作物耕地中的 30 万亩着重发展种业。北京地区集聚着国家顶级的中国科学院，动物、植物、微生物及生物遗传育种机构；有中国农业科学院粮经作物育种、蔬菜花卉育种、畜禽育种、果树育种并拥有收藏 40 多万份种质资源库等研究机构；有中国农业大学粮经作物育种、蔬菜育种、果树育种、畜禽育种等专业；还有外国驻京知名种业开发研究公司，如先锋、孟山都等世界种业前 10 强企业中有 8 家在北京设立了研发或分支机构。截至 2013 年，北京市种业企业已达 274 家，其中培育扩繁推广一体化的大型种业企业就达 7 家；全国 10 家明星种业企业中，北京市有 3 家，在所有省市中入圈企业数量最多，一个跨省市，乃至跨国界的种业总部正在迅速壮大中。这里有种业研发机构 80 多家，涉农国家工程技术研究中心 10 多个，涉农重点实验室 41 个，专业育种人员 1 000 多人，农业科技人员 2 万多人，全国七成的种业科研力量集中在北京。2012 年，北京市种业销售额达 107.6 亿元，约占全国的 10%，农作物种子进出口总额占全国的 37%。

在动物种业方面，政府重点支持了 6 家"育、繁、推"一体化种业企业，15 家高代次畜禽良种场，6 家畜禽良种产业科技示范园区，2 家鱼类优质种苗繁殖基地，搭建起农作物品种示范展示网络框架，构建了林木种苗网、花卉网、果树网等网络平台，每年有几千个国内外品种在京郊进行试验示范，吸引了来自国内外数百个科研企业与生产单位数千人参观、考察和观摩。

围绕创新成果转化，全市 10 个郊区建有国家级、市级、区级、企业和科研机构四级农作物新品种试验展示基地 20 余个，面积达 3 300 公顷；建成畜禽良种场 192 个，水产良种场 52 家，每年展示示范数千个国内外新品种。位于通州区于家务镇的国际种业科技园，现已纳入中关村国家自主创新示范区和国家农业科技城总体规划，享受中关村"1＋6"系列先行试政策，已吸收纳 50 余家国内外种业企业和科研所入住。此园规划面积 5 万亩，目前已聚集了种业高端人才 78 名。世界种业排名第四的法国利马格兰及北京德茂种业、垦丰种业、中国农业大学通州试验站、中国农业科学院通州园区等种业企业和科研单位已先后驻扎。

丰台种业市场已成国内知名市场，自 1992 年以来，每年举办一次种业交流交易大会，2014 年成功举办了世界种业大会，并首次评选出北京十强种业企业。这十强种业企业农作物种子年总销售额达 38 亿元，占全市农作物种子销售额的 75％。

据 2007 年资料显示，玉米、小麦良种 30％以上销往外埠；拥有全国唯一的蛋鸡、肉鸡、北京鸭原种场和全国最大的种公牛站。在国内市场祖代种占 20％，良种奶牛冷冻精占 40％，祖代肉种鸡占 50％，虹鳟鱼苗种占 40％，鲟鱼种苗占 50％。2009 年编制的《北京种业发展规划（2010—2015 年）》中首次明确提出了打造"种业之都"和促进首都种业发展的"2468 种业发展行动计划"，即建设两个中心（中国种业科技创新中心和全球种业发展服务中心），以种植、畜禽、水产和林果花卉四大种业为载体，以十六个优势品种为重点，以八大工程（种质资源创新引进与保护利用工程、优良品种选育工程、种业园区和新品种展示基地建设工程、良种繁育加工基地建设工程、种业服务平台建设工程、龙头企业及名优品牌培育工程、优势品种工业化工程和种业发展环境化工程）为抓手全力推进首都种业的跨越发展。此规划充分彰显北京地区的种业优势。

2015 年北京世界马铃薯大会以"面向未来，共同发展"为主题，深入交流、研讨了国家马铃薯主粮化的战略并将国际马铃薯中心亚太中心落户北京市延庆区，为北京地区又平添了国内最大的马铃薯种薯研发基地。之前，延庆已建有国家马铃薯工程技术研究中心和中国农业科学院马铃薯产业示范基地，年产马铃薯微型种薯 1.5 亿粒，占全国总产量的近一成。

无论从现实还是仰望发展形势，种业已成为北京都市农业中"精品产业"之一。国务院副总理汪洋在 2014（北京）世界种子大会开幕致辞中讲道："种业是现代农业发展的生命线"，点出了种业的重要性。发展种业是北京地区发展现代农业的独到优势。

"菜篮子工程"是北京地区自古以来的优势产业（与一般地区相比）。因为北京作为古燕国的都会，秦汉以后的北方军事重镇，辽的陪都，金以来的中华国都，历经三千多年的演进与发展，城市对农产品的需求日益增大，粮食生产不足可从外埠调运，但蔬菜则难以远途运输。从春秋时代起燕国即向齐国学习种植蔬菜，引进蔬菜品种，到秦汉起燕蓟地区大规模蔬菜栽培兴起。汉代燕蓟中原人向这里迁徙，带来了蔬菜贮藏技术，人们不仅种菜，还实行秋菜冬藏，以弥补本地区寒冷露地不能种菜上市问题。再就是从西汉起，燕蓟地区开始采用温室栽培王（黄）瓜和韭黄以供达官贵人冬季吃鲜。到北魏时燕蓟地区按朝政规定"（每）口课种菜五分亩之一"始有专门栽培蔬菜的"菜地"，即"十五岁以上男女，每人分给 1/5 亩菜田（张平真，《北京地区蔬菜行业发展史》，中国农业出版社，2013）栽培与上市蔬菜种类多达 50～60 种。"

北魏时期的《齐民要术》中已记载有蔬菜加工的方法，主要有腌渍和干制两类，通过加工，一方面可提升蔬菜的商品性和花色品种，同时也能提高附加值，增加收益。到唐代，幽蓟城近郊一般配置 10 亩农田，选择其中肥沃的 5 亩为苗菜地，以自食为主，有余出售，以激励经营蔬菜种植业。是时"幽州市"已设有蔬菜行业。到元代，开始系统探索蔬菜的周年供应问题。其主要途径有三：一是开展保护地栽培，弥补冬春淡季的蔬菜供应；二是选择培育耐热品种，作为"园主菜"弥补夏淡季的蔬菜短缺；三是选择耐寒品种，结合不同播种方式，排开播种时间等综合措施，以期尽量延长周年供应时间。为了丰富蔬菜生产品种，元代借助丝绸之路等多种途径，给北京地区带来了第一次大规模的蔬菜引种高潮，并使蔬菜业发展水平达到了新的高度，蔬菜种类达45 科，总数超过 140 种。在明代，为了保证皇室和贵族的蔬菜供应，空前地强化了管理体制，在北京建立了稳定的蔬菜生产和贮藏地并定期实施南菜北运，通过推行按行业进行管理的手段，促进了蔬菜的生产和流通，使得京畿的蔬菜业逐步进入了全新的发展阶段。到了清代，北京的蔬菜生产和供应创历史上最高水平，菜农为了维护自身利益，建立了自己的行业组织——"园行"。清代北京地区人文荟萃，百蔬争艳，形成了极为独特的首都蔬菜文化。清代末年，建立了农事试验场，开始从世界各国引进新型蔬菜种子进行驯化栽培试验，揭开了我国和北京地区蔬菜事业向现代科学进军的序幕。

新中国成立后，早在 1953 年春，中央明确提出"大城市郊区农业生产，应以生产蔬菜为中心并根据需要与可能发展肉类、乳类和水果生产，以适应城市需要，为城市和矿区服务。"在贯彻这一方针中，北京市委市政府提出"郊区农业为首都服务"方针，要"有计划地发展蔬菜水果、乳肉等生产"。在这些方针指引下，郊区农业的主要任务是围绕首都的需要而发展副食品生产，并逐步走向以提供副食品为特征的城郊农业，逐步发展为都市农业，实现农业的生产、生态、生活功能的拓展与结合及农业质的飞跃。目前，北京市通过发展都市型现代蔬菜产业和本地蔬菜产业化建设及在外埠建立环京蔬菜基地，有力地保障了首都"菜篮子"市场供应，给自率为 32%。全市已有基本菜田 59.6万亩，其中设施蔬菜园区 35.3 万亩，全市蔬菜品种已超过 140种，蔬菜日均上市量达 2.3 万吨。已创建设施蔬菜园区 25 个，蔬菜集体化育苗场生产能力为 1.21 亿株，有 11 家龙头农业企业到京郊建设了一批蔬菜生产基地。今后蔬菜生产总的趋向为：提质、增效；规模化发展，园区化建设，标准化生产，集约化经营；品种多样，周年供应。

景观农业美景连绵春秋。将按照大田景观、园区景观和沟域景观三大景观类型，分别设立美丽田园创建示范点，以点带面逐步推开，并按照都市型现代农业的五圈布局营造五大景观农业圈，推进农业发展目标多元化，开发农业新功能，创建大美田园，挖掘农业新价值，促进一产和二、三产深度融合。

做精畜牧水产业，大力发展高效节水农业，打造高精尖农业产业，培育壮大首都农产品优质品牌，使农业成为疏解首都资源环境压力，推进经济发展转型升级的基础保障。

(3)"升级版"都市农业的四大亮点——高效节水，优化生态，精品生产，精准管理

①高效节水。水虽不是农业的生产对象，但水是农业的命脉，对于一个严重缺水的都市农业来说，其存在与发展的关键在于高效节水、科学用水和量水而农。为此，北京市委、市政府从首都大局出发千方百计节约农业用水，并以高效节水为抓手，推进农业结构调整，转变农业发展方式，发展高效节水农业。力争到 2020 年，农业用新水量减到 4 亿米^3。

严厉的控水政策，将地下水严重超采区和重要水源保护区确定为重点控制区域。2014 年确定的控制区域主要分布在怀柔、平谷、大兴和通州等区，将不再种植高耗水作物，如小麦，或作为一种冬季农田绿色覆盖来种，或以景观模式来种。今后，这些区域内不再新增菜田。重点发展籽种农业，达不到无害化处理的畜牧养殖业一律淘汰；加大造林绿化，再新增森林资源 38 万亩，平原地区森林覆盖率将由 2014 年的 24.5% 提高到 30% 以上，提高北京市绿色空间和土壤保水、蓄水能力。严格设定农业节水标准，即将严格控制农业用水量：设施农业每亩每年用水不超过500 米^3，大田作物每亩每年不超过 200 米^3，果树林地每亩每年用水不超过 100 米^3。

为实现到 2020 年农业用新水量下降至 4 亿米^3 目标,水管部门提出"地下水管起来,雨洪水蓄起来,再生水用起来",最终目标是实现高效节水农业。

②优化生态。都市农业的现代化与生态环境优化息息相关,只有呵护良好生态,才能营造出首都的宜居环境,方能保持清新的城乡空间。多年来,从中央到北京市都很重视首都生态环境建设。早在 1983 年 7 月,中共中央、国务院对《北京城市建设总体规划方案》所作重要批示中就提出:"把北京建设成为清洁、优美、生态健全的文明城市"(北京市统计局,《欣欣向荣的北京》北京出版社,1984)。之后,中央有多部门支持北京密云、顺义、平谷、延庆、房山等生态试验区(县)并取得成效。近半个多世纪以来,北京市通过植树造林、种草和封山育林;兴修水利,疏浚河道、沟渠、圩堤,建库蓄水、平整土地;人工消雹、降雨、防旱、抗涝等以及季节性裸露农田治理,营造三北防风林和五河十路绿色隔离带等修复措施,已使城乡生态环境明显改善。就农业来说,经评估其生态服务价值远远高于其经济价值。为客观反映和评价都市农业生态服务价值,从 2006 年起,市统计局、国家统计局、北京调查总队、市园林绿化局、市水务局联合研究建立涵养农田、草地、森林、湿地四大农业生态系统的生态服务价值监测指标体系及测算方法,对北京地区农业生态资源产生的直接经济价值、间接经济价值和生态环境服务价值进行了连续监测。

调查结果显示,2009 年,北京市都市型现代农业生态服务价值年均增长速度为 3.8%,2013 年年值达 3 449.8 亿元。其中直接经济价值在平原造林和农业结构优化调整带动下,年均增速达到 7.2%,2013 年年值为 443 亿元;间接经济价值在乡村旅游业快速发展拉动下实现了 6.4% 的年均增长,2013 年年值为 1 197.4亿元;生态服务价值实现了 1.5% 的年均增速,2013 年年值为1 809.5亿元。

在新一轮农业结构调整中，围绕建设高效节水农业，优化生态亦成主亮点，推行生产方式的绿色化，构建科技含量高，资源消费低，环境污染少的产业结构，大力研发与推广绿色技术和"五节"（节地、节水、节肥、节药、节能）技术，培育高效节水农业的新增长点。北京市农业局从2014年起便着力在北京市启动新一轮生态农业建设，其抓手就是在2015年年底计划建成40处生态农业园和百个蔬菜省水示范园，以此来带动生态农业的发展。其举措就是要扎实推行节水节肥、水肥一体化、资源循环利用、清洁田园、不污染环境、生物防治、蜂类授粉、畜禽粪便无害化处理与再利用等环保技术，并按已出台的评价规范，引导发展生态友好型农业。

③精品生产。如何在有限的土地、水资源基础上获得高效益，并能顺应首都中高端需求市场，出路就在谋划精品生产。从市场需求看，可称为精品的，一是名特优新产品及其加工品；二是鲜嫩活、少好新农产品；三是外埠不可替代或难以替代的农产品；四是有特需或特别喜好的农产品；五是受到国家或地方列级保护的地道产品，如某些中药材等；六是文玩和有收藏价值的农产品及其加工品；七是富有特色风味的农业产品及其加工品；八是观赏价值高的农业产物；九是市场畅销的农业质料加工品或工艺品；十是富有营养保健价值的农产品及加工品。

北京地区集聚全国56个民族，亦是聚集外国人的"地球村"，是国内外游客的目的地，他们在京要求精品是不出意料的。农民从事精品生产收益一般是比较高的，这也是这一轮农业结构调整所期待的，通常所倡导的"提质增效"即基于此。

④精准管理。都市农业发展的"升级版"明确提出"要转变发展方式"，其要领就是由粗放型增长方式转变为集约型增长方式。前一种方式是开放式，靠扩大外延低效利用资源，如广种多收、大水漫灌、死守经验种田等。后一种方式则讲究科学发展，

精确管理，集约经营。其关键在于依靠科技进步和培养新型职业农民，推进万众创新，用现代科学技术和装备来装备农业，用现代信息技术和生物技术来支持农业。北京市农业局已制订了《北京农业节水实施方案》，大力推广种植业农艺节水技术。2015年，通过节水品种、镇压保墒、保护性耕作、雨养旱作、绿色防控化学抗旱、测墒灌溉、水肥一体化、沃土工程等系列节水技术、生态呵护技术、精准管理技术的综合推广应用，实现全市150万亩农田农业节水提质增效技术全覆盖。其中包括80万亩作物，70万亩蔬菜作物，年节约用水0.36亿米[3]。

创新是都市型现代农业又好又快发展的不竭动力。正是依靠创新而有效地破解日益严峻的资源（耕地，水等）锐减的"瓶颈"，使都市型现代农业实施10年来，农林牧渔业的总产值和农民人均纯收入持续增长。

2003年北京首次在市政府工作报告中提出大力发展都市型现代农业。从表4-4可见，10年来北京都市型现代农业的地位已不可替代，作用不可或缺，价值不可低估，逐渐从传统产业转身成为高端、高效、高辐射的朝阳产业。这是因为人们在破解"瓶颈"中注入的是不断创新的综合生产力。

表4-4　北京都市型现代农业十年来农林牧渔业总产值及农民人均纯收入表

项目	年份										
	2003	2004	2005	2006	2007	2008	2009	2010	2011	2012	2013
农林牧渔业总产值（亿元）	246.8	268.0	268.8	240.2	272.3	303.9	314.9	328.0	363.1	395.7	421.8
农业（亿元）	88.8	92.7	100.6	104.5	115.5	128.1	146.3	154.2	163.4	166.3	161.8
林业（亿元）	13.5	12.7	13.3	14.8	17.8	20.5	17.2	16.8	18.9	54.8	75.9

（续）

项目	年份										
	2003	2004	2005	2006	2007	2008	2009	2010	2011	2012	2013
牧业 （亿元）	125.5	138.7	135.7	105.1	122.4	140.5	136.1	139.8	162.7	154.2	
渔业 （亿元）	10.2	9.9	9.7	9.8	10.2	9.7	10.3	11.5	11.5	13.0	
农村居民人 均纯收入 （元）	6 496	7 172	7 860	8 620	9 559	10 747	11 986	13 262	14 736	16 476	18 337

资料来源：据北京市统计局"十一五"及 2012 年统计资料。

A. 科技创新。农业用种实现动植物良种全覆盖并不断更新换代，每次更换都使相应动植物产品的质量与效益有一个明显的提升。如培育推广的冬小麦新品种农大 211、轮选 987 等其单产潜力都在 500 千克以上；北京历史上被宫廷选为"贡品"的动植物如北京鸭、北京油鸡、怀柔板栗、京白梨、北寨红杏、茶叶枣、磨盘柿、御皇李等都变身为面向公众观光、采摘和垂钓的快乐产业；3 000 多个果树品种、1 000 多种蔬菜品种、1 000 多种葡萄品种、200 多个马铃薯品种、2 000 多种花木品种、100 多种彩色绿化树种、几十种淡水鱼品种和观赏鱼等，把都市型现代农业装点成品位高雅的农业园，创新品种和养殖技术，不断提升农业资源节约高效利用的水平。发展设施农业，实行周年生产可使 1 亩耕地种出几茬庄稼来；在设施内推广立体种植又可在同期内提高土地利用率和产出率；采用工厂化喷雾育苗，育一株菜苗可节水 1 千克；推广新型节水灌溉装备已使农业用水的利用系数提高到 0.79，已推广的 1 300 多处集雨工程，2006—2014 年，累计集雨水资源量达 6 500 万米^3，相当于 22 个昆明湖；推广水肥一体化技术及测土配方施肥、绿色防控病虫害，不仅可节肥、

节水、节药，提高产量和产品质品，且年公顷可减少用水量 900
米^3；2006—2013 年，全市共推广测土配方施肥 59.37 万吨，使
用面积 1 219 万亩次，使全市化肥用量降幅达 18.2%；全市绿色
防控病虫害面积从 45.75 万亩增加到 113.6 万亩，化学农药用量
下降 34.6%。精准施肥、用药，可提高肥料利用率 10%，省药
20%～30%。研究推广奶牛超数排卵和人工移植技术，可大大提
高优良种牛的繁殖力；从 2010 年起北京农学院倪和民教授对精
心挑选的肉牛做了转基因"试管婴儿"，2011 年获得的克隆小牛
"萌萌"带有"雪花肉"基因，开创了国内自主肉牛品牌。北京
市农林科学院玉米育种中心培育出优质、高产、高效的粮饲兼用
玉米及多样性鲜食玉米（糯的，甜的，多彩的）新品种，适应了
人们现代饮食需求；旱作玉米栽培技术的研究与推广保驾了玉米
作为"饲料之王"在京郊有限耕地上的生生地位。农业远程教育
工程的创建与实施，农民田间学校的创立，"草根专家"的培养，
科技下乡进村、入户各类职业技术教育和九年制义务教育的普
及，使市郊 15～45 岁的农民受教育年限达到 12 年，铸就了一批
"有文化，懂技术，会经营的新型农民队伍"；信息高速公路实现
"村村通"，使广大农民足不出户（或村）即能知天下事，以至坐
在家里做买卖；大学生村官及全科农技员的配置，使农村的科学
种田，养殖及电子商务有了"小精灵"。

　　高产创建技术体系的推广应用是从 2008 年开始的，北京市
农业技术推广站在京郊通州等 9 个区（县）开展高产创建科学实
验，当年小麦高产示范区总面积为 2.3 万亩，玉米高产示范总面
积 2.2 万亩。经实收测产结果是：示范区小麦平均亩产 452.7 千
克，比一般区域平均亩增 33.1%；春玉米平均亩产 854.5 千克，
比同区域前三年平均亩产增 23.6%；夏玉米平均亩产 559.2 千
克，同比增 16.5%。《京郊日报》2014 年 9 月 12 日报道：顺义
区大孙各庄镇老公庄村徐振华种植的黄瓜亩产 25 984 千克；大
兴区礼贤镇东段家条村张月强种植的番茄亩产 25 084 千克。温

室自动化调控装置和应用，有效地减轻了繁重的人工操作并大大提高了对生产要素（光、生熟、湿及水、肥等因素）的精准调控，稳定生物的衍生环境。据北京市农委 2009 年《北京市农村产业发展报告》显示，科技进步对农业经济增长的贡献率已达 76.17％。都市型现代农业已不单纯是产品生产和产品服务，而衍生出浓郁的农业文化，派生出景观服务功能、会展功能、生态服务功能以及科技示范、普及功能等，被称之"人文农业"——既具有满足人们解决温饱，吃出营养与健康的养身保健价值，更具现代人回归自然、陶冶情操、愉悦身心、振奋精神的文化价值。对于经营者来说这两种价值的叠加，即"1＋1"远大于"2"。往常的农业生产经营只是产品，而产品的使用价值是有限的，直接上市的商品价格也是有限的。有资料显示，粮食亩收入只有 582.21 元，亩利润只有 203.76 元。平谷区太后村刘二平一户农家在 2015 年 10 天赏花季中依托赏花休闲和农家饭就赚了 10 万元，主人说比她种一年桃的收入还要多；昌平区主办的农业嘉年华会展，历时 51 天，以"好玩农业"吸引游客 118 万，总收入达 3.03 亿元；平谷区桃花音乐节，仅凭赏花听音乐，而无产品采摘就吸引游客 179 万人次，获得旅游观光收入 10 609.41万元，人称开创了"赏花经济"。过去大面积农田上茬种植小麦，下茬种植玉米，不仅平常田间农活忙个不停，一到"三夏""三秋"就得抢收抢管，忙得不得开交，有时还会误了农时不得好收成，现在改种景观农业，如延庆的"四季花海"，农民们既经营产品，又经营休闲观光，一改由过去"土里刨食"改为"土里淘金"。"人文农业"不仅在大田上搞能增值，还可在庭院中搞。怀柔区东茶坞村华茂四季科技园把生菜、番茄等"大路菜"进行疏密搭配和错落修剪，创意成家庭"微宿田园"盆景，一上市就受消费者的追捧。每盆蔬菜盆景售价 10～20 元，短短两个月就售出 300 多盆。雁栖镇长远村 62 岁月老奶奶席桂清经过两年探索，开发出婚庆、祝寿、庆典等不同场合需求的水果盆景。在春节时仅火龙果盆景，就售出 60 多盆，销售收入达 2.4 万元，比采摘收入翻了两番。北房镇韦里村农嫂吴军伶培育的"五色韭"，即每株韭从下到上呈现出白色、黄色、青色、紫色、绿色等五色，再配上精美的彩绘瓷盆后，使原来每千克 1 元上下，论堆"撮"的韭菜，摇身一变成为每盆 60 多元的新型家庭盆景兼"阳台农业"。许多农家妇女成立了"巧娘工作室"，从事纺织，粘画、雕刻等手工艺，将一些不值多少钱的农业质料加工成工艺美术品，成为旅游热销品。

B. 业态创新。有机农业是现代农业中的新业态，延庆是全国首批有机农业产品认证示范区，到 2015 年上半年，全区共有有机农产品生产企业（基地）49 家，有机认证证书和有机转换认证书 64 个，涉及 8 大类 215 个产品。2014 年，延庆有机农产品产量达 3.78 万吨，产值 4.59 亿元，有机农业占农林牧渔业总产值的比例达 18%。延庆通过大力发展有机农业，不断增加农产品附加值，当地农民致富砝码不断增加。

现代农业业态创新主要表现为文化品位的提升。如景观农业，其价值主要在于观赏、愉兴；生态农业的主要功能则在于维护环境友好、宜居与可持续发展。过去人类只重视它的呵护环境效应，现在则基于它的环境效应而同时重视生态农业的服务价值。据有关研究指出：北京市的农田生态服务价值是其直接经济价值的 3～6 倍。根据第二次全国农业普查调查结果初步测算，2006 年，北京市农业生态服务价值（含森林资源贴现价值）为 5 813.96 亿元，其中，首先是来自农林渔业生产的农业经济价值，约 269.7 亿元，其次是将农业特有的生态优势向二、三产业延伸所产生的农业经济服务价值，为 42.92 亿元，再次是农业范畴中的自然资源为人类的生存和生活环境带来的涵养水源、保育土壤、固碳制氧、净化环境、生物多样性等功能，按一定系数贴现后的农业生态环境服务价值，为 5 501.07 亿元（表 4-5）。

表 4-5　北京市农业生态环境服务价值初步测算

项　　目	价值（亿元）
农业生态环境服务价值	5 501.07
其中：森林	5 315.19
农田	162.2
草地	23.68

资料来源：北京市农委《北京市农村产业发展报告》（2008 年）。

　　2008 年，北京在全国率先建立冬季作物生态补偿机制。制定了《北京市生态作物补贴的意见》，明确冬小麦每亩补贴 40 元，牧草每亩补贴 35 元。这一年全年共发放生态补偿（贴现） 4 012.7 万元，大大激发了农民种植生态粮经作物的积极性，促进了冬春季裸露农田的有效防治。可以说，农业生态服务价值的认定和实现是都市型现代农业可持续发展中一大亮点，是现代生态文明建设一个重要领域和抓手（表 4-6）。

表 4-6　都市型现代农业生态服务价值

单位：亿元/年

价值	年份						
	2006	2007	2008	2009	2010	2011	2012
年值	721.44	793.31	839.95	874.25	3 066.36	3 241.58	3 439.39
贴现值	5 813.96	6 156.72	6 306.95	6 496.21	8 753.63	8 968.15	9 182.07

数据引自：北京市统计局等．《北京农村统计资料》．2012.

　　从 2006—2012 年北京都市型现代农业生态服务值增长的态势看，随着生态文明建设的力度加大，生态服务价值将出现新的提速。

　　至 2012 年，全市设施农业、观光农业和与农业相关的民俗旅游和种业总收入达到 104 亿元，比 2005 年增长 1.9 倍，年均增长 16.6%，高于北京市农林牧渔业总产值年均增速 9.1 个百分点。这四种业态在都市型现代农业发展中将发挥着可持续的支撑作用（表4-7）。2014年京郊百余农田观光吸金2.7亿元。

表4-7 北京都市型现代农业支撑业态发展走势

项　目		年　份						
		2006	2007	2008	2009	2010	2011	2012
设施农业		21.1	28.1	28.2	33.9	40.7	45.6	52.0
观光休闲农业接待人次总收入（亿元）		1 210.6	1 446.8	1 498.2	1 597.4	1 774.9	1 842.9	1 939.9
		10.5	13.1	13.6	15.2	17.8	21.7	26.9
民俗游	接待人次	982.5	1 167.6	1 205.6	1 393.1	1 553.6	1 668.9	1 695.8
	总收入（亿元）	3.7	5.0	5.3	6.1	7.3	8.7	9.1
种业	种业收入（亿元）	7.7	9.9	10.9	12.8	14.6	18.1	16.1
	销往外埠收入（亿元）	1.4	4.0	5.8	7.3	8.1	11.7	9.7

C. 创新开发模式。2008年以来，京郊以农业资源创意为理念，因地制宜，因事制宜，积极开发创意农业产品，彰显出巨大的发展潜力和活力，形成了怀柔桥梓"农业公园"、雁栖湖的"不夜谷"、密云溪翁庄镇的"鱼街"、门头沟"樱桃沟""玫瑰谷"、大兴"古桑园""玻璃西瓜"、平谷"桃木工艺品"、延庆"豆画"、门头沟"麦秸画"、延庆千家店"百里画廊""四季花海"、朝阳"蓝调庄园"、丰台草桥"花卉大观园"、小汤山"特菜大观园"；在林业果树发展中形成了"城乡森林公园"，果树"主题公园"（10个公园聚集着900多个品种）；在流域经济开发中出现了"沟域经济"。这些农业开发模式的功能特点：一是资源利用上规模，产业成气候，集聚效应明显；二是景致壮观，在获得产品优势的同时，还形成各具特色的观光休闲基地；三是彰显农业文化和生态文明；四是农业增值潜力大。使得大地园林

化、农田景观化、产业规模化、商机多重化（可出售产品，可供观光采摘，休闲、网上经销等）、效益扩大化。

这些以高新技术为主导的现代农业发展模式，促进了农业和农村发展由"资源依存型"向"科技依存型"转变，逐步构建成优质品种、优势技术，优秀企业"三优"集聚的社会效果。

D. 市场创新。过去的传统农业基本上只有一个市场——产品消费市场，即一买一卖的市场，而现代农业已面临着产品消费、观光旅游消费、农业文化消费、生态文明消费等。为应对产品市场，从新中国成立起就着力创建服务首都的副食生产基地。到目前已创建有蔬菜基地、精品果品基地、奶业基地、肉蛋禽基地等。为应对观光休闲消费的兴起，从 1997 年起即兴建观光农业园，到 2012 年已创建起兼为产品基地的农业观光休闲消费基地园区 1 302 个，2006 年接待游客 1 210.6 万人次，收入 10.5 亿元，到 2012 年，接待游客（消费者）增加到 1 939.9 万人次，收入增加到 26.9 亿元；民俗游消费人次由 2006 年的 982.5 万增加到 2012 年的 1 965.8 万人次，农民获取收入由 3.7 亿元增加到 9.1 亿元；观光果园 837 个，面积达 35.3 万亩，仅 2008 年就接游客消费人数 779.8 万人次，通过采摘销售果品 4 572 万千克，收入 3.9 亿元，通过观光采摘促销量为 3 654 万千克，促销收入 1.9 亿元。京华大地已形成"山区绿屏，平原绿网，城市绿景"三大生态体系，实现了"城市园林化，郊区森林化，道路林荫化，庭院花园化"和"三季有花，四季常青"的园林环境，7 个山区全部列入国家生态环境建设综合治理重点区，已有 90% 以上的山区得到绿化美化，绿化率达 70% 以上，形成了环抱京城的山区绿色生态屏障，生态效益和绿化景观效果显著，其中有的成为公众消费、创收的热点和当地经济发展的增长点。房山区通过封山育林，治理荒山，森林覆盖率 5 年间增长了 10%，形成了 25 个千亩以上的景观林，成为市民观光旅游的消费之地，当地农民因此端起了"绿色饭碗"。丰富多彩的农业会展、农业节庆、农业嘉年华、农业科技园等都是富有生灵的文化篇章，供人们阅读、观赏与领悟，让消费者从活灵活现的诗情画意中获得熏陶，创办者也从中收到可观的效益，这是传统农业所不及的。

农业市场的多样性为农业增值创收拓宽了发展空间和领域。

E. 农业空间布局创新。俗话说北京是大城市小郊区，如表4-8 所示。

表 4-8　2014 年城乡间部分数据比较

项　　目	城　　镇	郊区（乡村）
人口（万人）	1 859.0	292.6
居民人均收入（元）	43 910	20 226
居民人均消费支出（元）	28 009	14 529

另外，在全市综合经济地区生产总值的 21 330.8 亿元中，乡村第一产业增加值仅占 159 亿元；城镇居民的恩格尔系数仅为30.8%（2014 年），而农村居民的恩格尔系数则为 34.7%。

北京市的面积为 16 807 千米^2，北京城市地域面积曾经只占 700 千米^2。在"城市病"影响下，乡村地域面积锐减，就农田来说，到 2015 年调减到 170 万亩。在这么小的农田上想稳定防范农业服务城市的风险是难以维济的。但北京农业不能削弱服务城市的职责，于是便采用合作共赢机制，以首都的市场优势、科技优势、资本优势、经营优势与周边的津冀合作，与国内其他地区合作，在经营好北京有限资源的同时，积极开拓国内区域性合作农业。一是从 1972 起，北京市一些科技单位利用海南无冬季等气候条件合作进行和经营农业新品种的南繁或育种材料的加代繁育，以弥补北京地区冬季漫长的不足，一直合作到今天。长期以来已由当初只从事玉米繁殖亲本和配制杂交种和蔬菜、瓜类，以至水产品的育种和良种繁殖工作。二是到甘肃等地进行玉米杂交制种，到云南等地进行蔬菜等繁种合作。三是大量地开展农业商品生产合作。北京首农集团在河北定州市合作创办国内具有多个"第一"的最大奶牛牧场，即：饲养奶牛 6 万头，日产鲜奶 1 000 吨，为全国第一；拥有国内单体规模最大的荷斯坦奶牛良种群及娟姗牛牛群，全国最大的可滑动屋顶牛舍，自动化、智能化、信息化程度最高、世界最大的并列式和转盘式挤奶台。目前，已从澳大利亚和新西兰进口奶牛 12 000 头，配套建设起 3 215 亩"优质高产苜蓿示范区"。整个园区占地 2 万亩，总投资达 20 亿元，建成后园区将饲养良种奶牛 6 万头，肉牛 2 万头，日产鲜奶 1 000 吨，人均养牛数达 100 头（见《北京日报》2014 年 7 月 10 日）。大发正大和华都肉鸡公司在河北省承德、张家口、保定地区合作建立肉鸡养殖产品基地，屠宰能力 6 000 万只；顺义区顺鑫农业集团公司在四川、辽宁等地建立优良种猪繁殖基地；北京市在张家口、承德等地合作建立了 20 万亩蔬菜生产供应基地；北京一批农业企业在河北等地建立 47 个农业商品生产基地；京城第一种藕大户丁所山 2015 年将自己的藕种培育基地迁到了河北唐山曹妃甸鑫海湖生态园内，占地 300 亩，并计划于今后两年在农场及周边以合作社的形式再建 1 000 亩种藕、5 000 亩商品藕基地，创建京津冀地区最大的莲藕基地，同时推广莲藕套养泥鳅的新模式。

北京首农集团与曹妃甸区八农场共建京津冀地区规模最大的现代化养猪场，项目投资 1 亿元，占地 300 亩，建成后可实现年收入 1.5 亿元（《北京日报》2015 年 5 月 30 日）；北京新发地等大型农产品批发贸易市场与国内多省市合作经营农业商贸业务，成为国内农产品进入首都市场的集散地；北京的种业生产除了自用（小量）之外，主要面向境外服务，有人戏称"北京农业已扩散到'天涯海角'"。至此，北京农业的空间布局分为两种情况：一是注有产权的空间布局有内延的，即由郊区延伸到城市，被定为城市农业发展圈，又有向北京境外延伸，被定为合作农业发展圈；二是协作流通的主要或大宗农产品，如大米、小麦、蔬菜、马铃薯、肉、蛋等稳定市场供给的货源基地。这样两种布局的结合使北京的都市型现代农业突破了本地域内农业资源不足的局限而放开搞活，服务城市、富裕农民，越发繁荣昌盛。

F. 效益创新。在漫长传统农业阶段，农业生产注重产量，很少讲究效益。进入都市型现代农业发展阶段，其追求则由注重高产转向提质增效。其路径有：

a. 由单一追求产量转向优质、高产、高效。优质优价这是市场规则、与其他商品相比，农业产品单价一般是比较低的，再优质的农产品也要依靠量（高产）的集蓄。

b. 构建增值链，实行"产、加、销"一条龙，"贸、工、农"一体化，让原始产品在同一经营体内多次增值。

c. 改变生产方式，由开放式外延型增长方式转变为封闭式集约型循环再生产，节约资源，提高效益。

d. 外延（溢）型经营提升附加值。诸如观光农业，除了产品得益外，还可在观光、采摘，休闲中提升附加值。如鱼品经垂钓售其增值率不菲；景观农田放飞观光的效益远大于产品收入。

G. 资源利用创新。北京地域虽不大（只有 16 807 千米^2，只占全国国土面积的 0.17%）但低产（效）、荒芜资源亦有存在。在农业资源日益紧缺和生态环境急待修复的驱动下，为保持都市型现代农业可持续发展，市政府投入大量人力、物力、财力进行资源创新。归纳起来有以下几个方面：

荒芜资源的利用创新。由于长期干旱，永定河河床大落，大片河滩露出，成为挖沙和堆积垃圾之地。为承办好第九届中国（北京）国际园林博览会，北京市从 2010 年 1 月起正式启动筹备园区规划建设工作，建设完成后，于 2013 年 4 月正式开馆，荟萃着来自国内各省市区、港澳台及国外园林艺术经典，园区北至莲石西路，南到梅市口路西延，西至鹰山公园西墙，东临永定河新右堤，西南接京周新线，面积 267 公顷，与园博湖共占地 513 公顷。这里原是永定河旧河道的一部分，曾沙坑遍地，垃圾遍野，满目荒凉。经过整治和建设已成永定河绿色生态发展带，成为京郊新兴的观光旅游景区，抒发着首都情怀，展现出永定河岸特色地域文化。

昌平区流村镇、阳坊镇和马池口镇是北京市五大风沙危害地区。由于常被盗采砂石，留下数千亩沟壑纵横的大沙坑，局部有陡坎和煤场，水土流失严重，部分地块严重沙化。在全民绿化中，对这一带 1.6 万亩荒滩、沙石坑进行绿化，形成了面积达 6.4 万亩的防风固沙林，减少了扬沙起尘，改善了区域环境，促进了昌平区西部产业的转型发展。

北运河、潮白河两侧及荒滩芜地不仅"荒"，也是风口、风道等生态脆弱地区。经多年治理与永定河生态景观带并称京畿"三带"，即永定河生态景观带、北运河生态景观带和潮白河生态景观带，总面积达 4.4 万亩，与原有林地相接，形成绵延不绝的滨水绿带。

偌大的山区自然存着 2 000 多条荒溪。据北京农学院调查，京郊山区有 1 000 米以上的沟 2 053 条，其中多数有待开发。从 2008 年起，北京市新农村建设领导小组办公室印发了《关于推进沟域经济发展试点工作的通知》，点燃了山区沟域开发的星火。由此，62 个山区乡镇对 164 条沟域的资源状况进行了系统摸底和初步规划，其中有 69 条沟域完成了整体规划。起步时先在 7 条沟域开发试点，并取得可喜成效，其中具有旅游开发潜力的有 124 条。经多年的发展，17 条沟域已经初具规模，如怀柔的"不夜谷"、门头沟的"玫瑰谷"、密云的"云蒙风情大道""汤泉香谷"、延庆的"百里山水画廊"等，已是市民们耳熟能详的京郊休闲胜地。市政府已提出要加快发展沟域经济，要用 5 年时间再开发 62 条旅游沟，并且每条沟的风格都不重样。经实地考查提出沟域经济的五种开发模式，包括：文化创意先导模式、通过创新思维改变人们现有的消费理念、方式和途径，依托自然、历史文化资源开发文化创意产业，打造新的增长点，如密云汤河沟域

"紫海香堤"；特色产业主导模式，利用已有的特色支柱产业资源，注入科技、绿色、健康内涵，配套发展环境友好型生态产业，延伸产业链，提升产业整体竞争力，发展特色产业，如怀柔雁栖镇神堂峪的"虹鳟鱼一条沟"；龙头景区带动模式，以景区为龙头，带动周边地区产业发展，形成辐射面较大的经济区域，如房山"十渡山水文化休闲走廊"；自然风光旅游模式，依托现有自然景区，重点发展休闲观光旅游业，并带动特色林果业、农业观光园区和休闲农业等产业发展，如延庆"百里山水画廊"；民俗文化展示模式，依托传统民居、宗教寺庙、革命遗址等人文景观，重点发展民俗旅游、文化旅游和红色旅游，并带动特色林果业、休闲农业和农业科技园区等现代都市型山区农业发展，如门头沟妙峰山沟。到 2009 年，京郊五种"沟域经济"点石成金，全市 625 个山乡镇分布着 164 条沟域，拥有十分丰富的旅游资源和生态资源——共分布有 241 个旅游景点，318 个旅游度假村，639 个观光采摘园，267 个民俗旅游接待村，8 668 户民俗旅游接待户。2009 年山区农民人均收入达 9 248 元，较 2001 年增长 23%，山区生态环境质量显著提高，95% 以上的宜林荒山实现了绿化，林木覆盖率达到了 70% 以上。从此山区沟域经济成为覆盖了 215 乡镇 66 个村后农业发展的亮点之一。2008 年，对 26 条小流域进行综合治理，治理水土流失面积 320 千米^2，到 2008 年年底，累计治理了全市 546 条小流域中的 327 条，共 4 543 千米^2。

　　冷泉水是自古以来京郊山区溪流之原，但长期未得开发利用，白白浪费。现在开发用于养殖冷水鱼类取得成效。怀柔区雁栖湖镇域内开发出"百里虹鳟鱼一条沟"现发展为"不夜谷"，成为观光、休闲、垂钓的经济沟；房山区十渡利用冷泉流水创建起鲟鱼养殖十里长廊。

　　低效资源的利用创新。从 2008 年以来，在果树方面积极开展对老杂果树及低产果园改造，对小麦、玉米及茄果类蔬菜广泛开展的"高产创建"等都产生了提质增效的预期结果。

冷凉资源的利用创新。延庆自古地处塞外，常年月平均温度比塞内低 3～4℃，与塞内相比，冷凉资源相对丰富，一直是首都市场 7～9 月蔬菜淡季的"北菜园"。如今由于设施农业的发展，此地区的蔬菜生产，特别是马铃薯生产及球茎花卉种球的繁殖是比较适宜的。国际马铃薯大会、国家马铃薯工程技术研究中心都来这里扎根。2015 年马铃薯大会后即在该区创建了亚洲最大的科研、生产基地，也必使这里的冷凉资源得到高效利用。

潜在资源的利用创新。北京地区面积不大，但相对而言山地所占比重较大，这里与平原地区相比受人类干扰较小，且山水相连，野生植物资源比较丰富。在中国生物多样性保护基金会 2003—2005 年组织的调查研究中，明确北京地区植物物种有 3 284 种（含亚种和变种），其中有维管束植物 2 263 种，非维管束植物 1 026 种。在维管束植物中有 62 种属于重要植物——乔木 26 种、灌木 18 种、藤本植物 4 种、草本植物 14 种。据计算，北京市面积占全国的 0.17%，而维管束植物总种数占全国的 6.7%，科数占全国的 48.8%，属数占全国的 21.5%。北京市园林绿化局组织北京林业大学于 2007—2010 年的调查发现了 10 种野生植物新种，它们是：鞘舌卷柏、唐松草、长喙唐松草、狭叶黄芩、旱榆、回旋蝙蓄、一枝黄花、卷丹、萱黄和冰草。在这些野生植物中有野生观赏性植物 533 种（木本占 27.77%，草本占 72.23%），果类有 64 种；有国家重点保护的一种（紫椴），市级二级保护的 7 种；野生药材植物 341 种；适于城乡绿化的乡土植物 191 种——乔木 81 种，灌木 86 种；大型真菌和地衣共 348 种，其中有比较珍贵的羊肚菌（海淀香山）、小羊肚菌（通州区）、猴头菌（密云和门头沟）、短裙竹荪（怀柔喇叭沟门）等。

由北京市农村经济研究中心等编著的《北京山区野生经济植物资源手册》（科学文献出版社，1990）记载道：北京山区野生维管束植物约一千余种……其中经济植物 300 余种（不含材用、牧用、观赏用等类别)。如药用植物 291 种、油料植物 11 种、纤维植物 29 种、食用野果类植物 11 种、鞣料植物 11 种、芳香类植物 11 种、野菜类植物 10 多种。书中还介绍道：全山区药材中，蓄积量在 1 000 万千克以上的有苍术、委陵菜；500 万千克以上的有地榆、苦参等；100 万千克以上的有山杏、玉竹、仙鹤草、白头翁、柴胡、桔梗、甘菊等；50 万千克以上的有野鸢尾、糙苏、远志、狼尾花等，10 万千克以上的有曲枝天冬、黄精、照山白、藜芦、山丹、半夏、草芍药、地丁、白芸、藁本、秦艽、党参等。

食用型野果类有榛子、胡桃楸、酸枣、山樱桃、猕猴桃、欧李、牛迭肚等。北京林业大学教授徐凤朔女士长期在灵山考查，搜集到这里有野生高等植物 997 种，其中药用和观赏价值的植物百余种。她拍照出版的《灵山野花》集中选登了 70 种。

在上列植物中，北京特有的共 5 种，包括北京粉背蕨、铁角蕨、槭叶铁线莲，北京水毛茛及百花山葡萄；有国家级和市级珍稀濒危植物 93 种，其中特别珍稀的是扇羽阴地蕨、槭叶铁线莲、刺楸、轮叶贝母、紫点杓兰、大花杓兰、杓兰和北京毛茛，共 8 种。

在野生药材中，历史上有 20 种左右是施今墨、萧龙友、孔伯华、汪逢春四大名医所推崇的鲜药，包括鲜佩兰、鲜灌香叶、鲜薄荷、鲜芦根、鲜生地、鲜桑叶、鲜荷梗、鲜沙参、鲜百合、鲜何首乌、鲜忍冬、鲜侧柏叶、鲜橙皮、鲜车前草、鲜蒲公英、鲜地丁、鲜马齿苋等。

在野生动物资源方面，农业要吸入的资源有蚕蜂类 160 余种，天敌昆虫约 500 余种，有野生鱼类 84 种等。

在长期的传统农业时期，这些野生植物、动物和微生物，人们是无心也无力去开发它们为财富的，除了上山砍柴或搞点"小秋收"外，一般没有太多作为。《北京日报》2015 年 6 月 2 日报道称："京郊野生猕猴桃、野生大豆曾流失海外，优良基因被他国利用创造巨额利润。"1977 年新西兰科学家到中国旅游，从北京植物园及我国其他地区搜集到口感独特的野生猕猴桃种子，带回国内后培育成功优质、高产的猕猴桃品种，起名为"新西兰黄金奇异果"，上市后迅速走红，畅销世界各地，至今每年为其创汇达 3 亿美元。

20 世纪 50 年代，美国大豆生产受包囊线虫病危害遭受了灭顶之灾，然而美国科学家从"北京小黑豆"中找到了抗此病的基因，使美国一跃成为超过中国大豆生产的第一强国。美国育种巨商孟山都公司从中发现一种"标记基因"，将其申请专利，每年由此赚取的利润何止几十亿美元。

北京地区的生物起源历史是悠久的，已发现距今 2 500 万年前的核桃孢子粉遗迹，并有露出地面形成于距今 6 500 以上年的榛栗孢子粉等。生物类型丰富多彩，并且每类生物从门、纲、目、科、属、种成系列传承，它们为人类的进化和发展做出了贡献，人类的自身发展需要也能动地在改造培植它们，加速了它们与人类发展需求同向进步。不过受到人类当时科学认识水平局限，对野生动植物的开发利用是十分有限的，而今人们的科学素养提高，京郊野生植物也进入人们的视野：怀柔区林业局在城南建立起"濒危植物园"，对其进行保护；北京农学院开辟野生蔬菜驯化园；2014 年，北京市园林绿化局等单位共同发起在乡土植物选育优良植物品种上，建立乡土植物基因库，让京郊山里乡土植物中的"宝贝"为首都的绿化美化服务；延庆永宁镇阳光沐禾养生蔬菜基地有大棚 71 栋，共种植由北京市农林科学院、中国农业大学等科研单位驯化的具有抗癌、护肝、补肾、美容等功能的 9 个系列、40 余个品种的野菜，如人参苗、枸杞苗、蒲公英、马齿苋等，目前大多销往四星级以上饭店和高端会所，《京郊日报》2013 年 9 月 6 日以"野菜驯化'驯'出新产业"报道了这一消息。北京市土肥站将"保护环境、培肥地力、郊游观赏、保健佳肴"四项功能集为一身的野生花卉——二月兰推荐为冬春季裸露农田治理（覆盖）作物。目前，顺义、怀柔等 5 个区的 1 000 余亩土地已种植成功,冬季覆盖率达 85% 以上,春季覆盖率达 100%,不仅对防止农田沙尘效果明显,而且成为农田至美的景观,吸引着游客的眼球。

潜在生产力资源的挖掘创新。就蔬菜潜在生产力而言,荷兰温室年产番茄 50~60 千克/米^2、黄瓜 60~70 千克/米^2;美国年产番茄 54 千克/米^2、黄瓜 53 千克/米^2;以色列年产番茄 50 千克/米^2,而北京的番茄、黄瓜每米^2 年产量仅为 7.91~20 千克。这种差距就是北京农业持续发展的潜力所在。以往在科研列项中虽多有高产、优质、高效的目标,但少有"高产"指标。因此,蔬菜创高产的成熟技术是缺乏的。前面讲到蔬菜高产创建中的黄瓜和番茄,其平均年亩产量都在 2.5 万千克以上。但这也只是一般蔬菜生产潜力的"把标"。就京郊的粮食生产来说,科学家们从气象角度、土壤肥力角度、生态角度进行研究评估,一致的结论是其亩产潜力在 1 000 千克以上。而现实的高产创建中,房山区窦店村二农场 2014 年 253 亩小麦平均亩产仅为 681.8 千克。

农业灌溉水的生产潜力,仅以 2014 年小麦生产灌溉为例,以 2014 年小麦节水高产十大农户排行榜作比较(表 4-9)。排行第一的是房山区窦店村沙志刚(农户),他承包了 253 亩示范田,亩灌水量为 170 米^3,小麦平均亩产 681.8 千克,平均每立方米水产出小麦 2.57 千克,亩效益 1 395.4 元;排名第十的是大兴区青云店镇四村农户李长生,承包 108 亩示范田,亩灌水量 175 米^3,小麦平均亩产 464 千克,平均每立方米水产出小麦 1.7 千克,亩效益 689.8 元。第一名与第十名比较,亩灌水量少 5 米^3,亩产量高出 217.8 千克,每立方米水产小麦高出 0.87 千克,亩效益高出 705.6 元。

据北京市农业技术推广站对 2014 年全市 40 个小麦生产监测点统计,全生育期亩灌水 176.7 米^3,平均亩产 426.2 千克,每立方米水产出小麦 1.62 千克。这三个数中亩灌水量高于上列排行第一和第十，而亩产出小麦量及每立方米水产出小麦量都低于排行第一和第十。这种客观存在的高低差距就是低者可持续攀登的潜力和后劲所在。

表 4-9　2014 年小麦节水高产十大农产排行榜

项目	沙志刚	陈领	卢春权	刘俊生	张建广	宗少川	范学连	孙宗森	李中才	李长生
小麦面积（亩）	253	3 000	300	300	100	100	300	280	1 200	108
亩灌水量（米^3）	170	130	150	145	185	140	180	190	160	175
亩产量（千克）	681.8	484	525	561.8	550.0	525	546	552	496	464
产麦（千克/米^3）	2.57	2.48	2.47	2.34	2.22	2.05	1.98	1.93	1.8	1.7

　　平原地区退耕造林百万亩，这些新栽的树木长到郁闭期尚需一定时期。在郁闭之前行间是通风透光的，按照已有的实践经验是可发展林下经济的。自 2000 年以来，北京市结合京津风沙源治理工程，利用防风固沙林和速生丰产林等片林的优势资源，发展林菌、林草、林药、林桑、林禽、林菜、林粮、林花、林油、林瓜 10 种模式的林下经济，从单纯地利用林产资源，转向利用林产资源与林地资源相结合发展林农复合产业，既提高了林地生态环境治理水平，又提高了林地生产力产出水平。截至 2010 年年底，通州、昌平、怀柔、大兴、房山、延庆、海淀、门头沟、密云、平谷、丰台、顺义 12 个区（县），累计发展面积 25 万余亩，全市林下经济年增收近 2 亿元人民币，林农户均收入达 1.2 万元人民币，所得效益是种植普通农作物的 1.5～10 倍。截至

2010 年年底，全市参与林下经济建设的企业及合作组织有 70 余个。部分林农将林下经济建设与旅游、采摘、特色民俗游等相结合，吃上了"旅游饭"，实现了一产和三产的有机相融合。据资料显示，全市依托林下经济形成的产业资源，新增特色生态旅游的客人超过 20 万人次，为林农年增加收入 1 亿元（表 4-10）。

表 4-10　京郊林下经济实例（2008 年）

单位	模式	面积（公顷）	总收入（万元）	每公顷产值（万元）	带农户（个）	就业人数（人）	户（人）均增加收入（元）
通州永乐店镇	林菌	66.67	700			150 多	
延庆四海镇	林菌	66.67	400		327		2 592
延庆大榆树镇	林茶	6.67	13		30		1 000
门头沟妙峰山镇	林花（玫瑰）	1 000	2.4				2.13 倍
顺义南法信镇	林菌	33.33	150		20		1.0 万
密云河南寨镇	林桑	33.33	4.0		380	80	1 000
通州永乐店镇	林桑	近万亩	6 000			300～500	近万元
延庆千家店镇	林药	133.33	62.0			375	500 多
密云不老屯镇	林药	20.0			180	220	500 多
延庆井庄镇	林粮	40.0		5 700			1 740.0
顺义杨镇	林豆	13.33	30.0				约 10 000.0
怀柔喇叭沟门镇	林油（葵花籽）	13.33	32.0		41	20	3 900.0
大兴榆垡镇	林瓜（西瓜）	53.33	160.0				
顺义南彩镇	林花（二月兰）	33.33	75.0			100 多	约 10 000.0
密云太师屯镇	果菜	8.67	30 余				

资料来源：李金海等．《林下经济理论与实践》．中国林业出版社．2009.

平原地区新造百万亩林地，可倡导护林员在获取护林工资性收入的同时经营林下经济，充分挖掘有限土地资源的潜在生产力，让农民有更多的劳动致富的机会。

京畿现存湿地资源 40 万亩，为全市总土地面积的 1.6%，是平原土地面积的 3.8%。湿地资源包括平原地区的湖沼洼地，它是自然环境要素的组成部分，也是人类生产开发利用的重要自然资源。湿地是自然的"肺"，可促进所在环境与大气的新陈代谢。新中国成立后的前 30 年中，北京市对平原的湖沼洼地的改造与利用一是作园林风景，经整修、清理后变为人民的游乐场所；二是将荒芜的湖沼改造成公园，如龙潭湖、玉渊潭、紫竹院等；三是将废旧坑塘填为建筑用地，如北京工人体育场、北京工人体育馆、中国美术馆等；四是将郊区的沼泽、低湿洼地全部改造为稻地、藕塘等农田；五是将山区湖泊修成水库。近 30 年来，恢复"湿地"提到了政府对环境建设规划的日程。据《北京日报》2013 年 9 月 16 日报道：全市现存湿地 5.14 万公顷，面积相当于 177 个颐和园，主要分布在潮白河、永定河、北运河、大清河和蓟运河五大水系。湿地类型以河流、湖泊、水库、人工水渠和稻田为主。在湿地栖息的植物有 1 017 种，占全市植物种数的 48.7%；栖息的动物有 393 种，占全市动物种类的 75.6%。

截至目前，全市已建立野鸭湖、汉石桥、南海子等 6 个湿地自然保护区，总面积 2.11 万公顷。到 2015 年，建成了 10 座市级湿地公园，总面积 1 800 公顷。按照《北京市湿地公园发展规划》，到 2020 年，北京将依托湿地资源，新增建设湿地公园 40 处，总面积 15 576 公顷。除湿地公园外，还将再建 10 个湿地保护区。全市已累计恢复湿地 5 600 余公顷。

目前，全市以自然保护区为基础，湿地公园为主体，自然保护区小区为补充的湿地保护体系正逐渐形成。据研究，单位面积湿地年生态系统服务价值是森林的 8~10 倍。其显著作用包括调节区域气候，调蓄洪水，制造氧气、清新环境，固碳，维持生物多样性和供人们游乐。这些是湿地的自然功能。在保护湿地自然功能的同时，开发创新经济功能，让人类在呵护湿地中获得经济效益的关键在于发挥人们的主观能动性和创造性，应像务农一样去协调湿地中的生物与环境的协调，改善它们的生存与衍生的条件，使它们在良好的条件下生长发育、成材。如苇子、蒲类本是湿地中普遍存在的植物类群落，也是人类经济活动中用得上的材料，可现在一些湿地长有苇子、蒲类，但不成气候形不成产量。

在人类占有的土地，特别是耕地日益紧缺的情况下，人类应自觉珍惜每一寸土地，对经营或管理湿地的人们来说，其责任有二：一是呵护湿地，使其成为合格的大自然的"肺"，发挥良好的生态功能；二是培育既具良好的"肺"功能，又具有良好的经济功能的湿地，为经营者带来经济效益，这样的好湿地才能可持续发展。在这方面，潮白河沿岸的密云，怀柔、顺义除已建成三座滨河森林公园，总面积近4万亩外，顺义区在潮白河断流的"沙洲"上植起千亩绿植，花卉在水中错落分布，湿地与森林交融一体，形成了独特的"水上森林"景观，这就是京东最大的湿地公园——东郊森林公园，吸引着络绎不绝的游客，是对湿地呵护的创新。

都市郊区农田锐减令人惋惜，因为这是祖代相传用于"土里刨食"的宝贵资源。随着人类的进步社会的发展，百业俱兴哪有不用土地支撑的？如今百业争地首当其冲是占用农田。

2004年，世界自然基金会出版的《2004年地球生态报告》（以下简称《报告》）告诫人们：人类的"生态足迹"从1961年以来已增长了2.5倍。当今人类每年的消耗量已超出地球产出量的20%，平均每个人使用了2.2公顷的土地所能提供的自然资源，实际上地球所能提供的资源限度是每个人1.8公顷，人均赤字达0.4公顷。《报告》同时也显示出中国人均自然资源消耗量为1.5公顷，虽然低于全球平均值，但由于中国人口多，国土所能提供人均资源限度仅为0.8公顷，人均生态赤字达0.7公顷，远高于全球的平均水平（0.4 公顷）。《报告》以英国消费水平为基准，指出如果全球全部达到北美的生活水平，人类需要有三个地球才能维持。面对这一严峻的形势，《报告》的作者之一乔纳森呼吁：人类要有更美好的明天，除了要控制人口增长外，还要停止浪费自然资源，依靠科技发展经济。他还提醒人们要走集约经营、内涵发展之路。

当今的北京是社会主义中国的政治、文化和国际交往的中心，已进入国际化都市的行列，各项事业的发展真有点像列宁所说的"一天等于过去的二十年"。如今又面对"大众创业、万众创新"的新时代，农田变性是不可避免的。事实上北京都市型现代农业已不是传统概念上的耕作业或人们通称的"种植业"，而是毛泽东同志曾提出的"农林牧三者缺一不可"的农业（或称大农业），就其三者各自的规模来说，林业是"老大"；就现实的经济收益来说，畜牧与种植业相差无几；就其布局来说，林业自古以来就占据城乡，无处不在。如今都市型现代农业其产业中的种植业布局延伸到城区之内，称为城市农业——有的占用社区零星土地（尚不成耕地），有的占用屋顶（无土栽培），有的占用阳台（称为阳台农业），有的进入"植物工厂"进行全封闭式生产，有的是会展农业等。可见都市型现代农业中的不占土的农业，虽不成气候，但呈导向。郊区非耕地中的湖河滩涂、沟渠堤坡、山区荒丘荒坡等，只要舍得投入和下工夫，都会像过去的荒溪如今变成经济沟呈现山区新的经济增长点——沟域经济那样。当然，对撂荒非耕农用地，不能像过去那样乱开乱垦，而要兼顾呵护生态友好与发展经济，这两个方面不是一对矛盾体而是相得益彰的。如郊区大中小型渠道很多，除了堤圩上植树之外，渠内坡多为荒芜，在连续多年干旱汛的情势下，在渠道上半坡种植一些有价值的植（作）物，既可护坡，又可有所产出。这种潜在的农田有待开发，当然这也取决于人们的勤劳与智慧！

第五章 都市型现代农业
发展新态势

——扬创新创业之长，补农业体量短板

北京农业自古至今一直是以技术创新（其中既有自己创新，也有引进消化再创新）引领创业而不断前进的——由发明用火与创制新石器而创造了本地区刀耕火种的原始农业；由开创冶铸技术制作铁器农具和采用牛耕，开始了本地区以经验为主导的精耕细作的传统农业；以引进、消化、吸收再创新的路径开创了本地区城郊型现代农业；在引进创新与自主创新的引领下，在城乡统筹中北京农业打破了城乡分割时孤居城郊的格局，跨入都市，由京郊延伸到京外周边，开创了集约式都市型现代农业；把首都城乡涉农业物产业融为一体，并与环京的津冀农业融合构成环京现代农业圈。由于本地区农业属于创新起家，使北京农业发展的路径一直处于国内前沿。有关北京农业的学界评说有很多。中国人民大学学者金元浦先生在《北京走向世界城市》中写道："北京人的出现，揭开了北京地区人类的序幕，使北京成为世界上最早进入人类社会的地区之一。"而距今1万年前的"东胡林已开始从事原始农业和畜牧业……掌握了农业技术和手工业技术……创造了最早的人类文明，掀开了人类历史的第一页"。

北京大学学者王东等在《北京魅力》中写道："1万年前东胡林、转年、北京所在的Y型地带是中国北方农业源头。""北京地区是狗与猪驯养发源地。"（注：狗与猪是"六畜"中的两种牲畜）"从山顶洞人至京西东胡林，京北转年（是）新石器技术创新的重要源头""东胡林与转年出土的'万年陶'是制陶技术

创新的重要源头"。陶器是原始人类以农为生文明的见证，考古学认定陶器是伴随着农业的出现而出现的。

《战国策》：燕地"民虽不田作，枣栗之食，足食于民矣，此所谓天府也。"

司马迁，《史记》："燕有渔盐枣栗之饶。"

《国礼·夏官·职方》："东北幽州……其富官四扰。"郑玄注"四扰：马、牛、羊、豕。"

《魏书·裴延隽传》：幽州刺史裴延隽上任以后始，便动工修复戾陵堰，开车箱渠，"灌田百万余亩，为利十倍。"

《三国时陆玑 毛诗·草木鸟兽虫鱼疏》："五方皆有栗，唯渔阳、范阳栗，甜美味长，他方者悉不及也。"

《契丹国志》："疏蔬果实，稻粱之类，糜不毕出。桑柘、麻麦、羊、豕、雉免，不问可求。"

《学圃余疏》："王（黄）瓜出燕京者最佳。"

《群芳谱》（明代）："苹果出北地燕赵者尤佳。"

《潞水客谈》（清）："西山大石窝所收米最称佳美。"

《鸿雪因缘图记》：丰台"前后十八村，泉甘土沃，养花最盛。"

侯仁之的《历史地理学的理论与实践》："本为沼泽、浅湖的巴沟低地……辟为稻田，成为著名的京西稻的故乡。"

《光绪昌平州志》：鲤"出沙河者佳"，"蟹虾，出沙河者佳。"

北京古籍称："京都花木之盛，惟丰台芍药，甲于天下。"

北京市科技进步对农业经济的贡献率："五五"（1976—1980年）期间低于30%，"六五"（1981—1985年）期间为42.26%，"七五"（1986—1990年）期间为51.2%，"八五"（1991—1995年）期间为54.7%，"九五"（1996—2000年）期间为55.0%，"十五"（2001—2005年）期间为60%。"十一五"（2006—2010年）期间据北京市农委编辑出版的《北京市农村产业发展报告（2009）》记载：2007年为65.26%，2008年为76.17%，高于国家"十一五"期间计划达到的 60％水平。"十二五"（2011—2015 年）期间，据《京郊日报》2016 年 3 月 9 日在《"七彩"绘就"三农"卷》一文中的记载："农业科技贡献率超过 70％（高于全国平均水平 16 个百分点），农业技术服务能力位居全国首位。"

科技进步推进北京农业立足实际，为服务首都探索出一条特色发展之路，即由经验为主的传统农业演进为城郊型现代农业（直至 2005 年），再演进为都市型现代农业。科技进步驱动北京农业整体素质不断提升。据市统计局《北京农村统计资料（2013）》显示，2013 年北京都市型现代农业现代化实现度达76.4％。（表 5-1，表 5-2）

表 5-1　2013 年北京都市型农业现代化进程监测结果

指标名称	单位	权重	目标值	实际值	得分	实现程度（％）
北京都市型农业现代化实现程度进程综合	元	100			76.4	76.4
产出水平	—	20			13.8	69.2
第一产业劳动产出率	元/人	7	100 000	77 516	5.4	77.5
第一产业土地产出率	元/亩	7	3 000	2 435	5.7	81.2
农产品质量安全认证率	％	6	60	27.4	2.7	45.7
集约度		20			15.5	77.4

资料来源：北京市统计局等 .《北京农村统计资料》. 2013.

表 5-2　北京农业历史性演进的阶段性比较

比较内容	1949 年前传统农业	1950—2004 年城郊型现代农业	2005 年都市型现代农业
农民素质	经验为主	常规技术与经验结合	受教育年限达 12 年以上，着力于高新技术应用

（续）

比较内容	1949 年前 传统农业	1950—2004 年 城郊型现代农业	2005 年 都市型现代农业
农业功能	自给自足的自然经济及（单一式生产经营）	服务首都，富裕农民（生产与流通）	服务首都，面向全国，走向世界；生产、生活、生态、示范等多功能；富裕农民，建设社会主义新农村
农业目标	以追求产量为主	在量的扩张同时，注重质的改造与提高	以质量与效益为中心，实现生态、安全、优质、高效、高辐射
农业增长方式	个体粗放经营	渐进集约经营	产业化集约经营
资源利用	掠夺式	资源高耗	资源节约，循环利用
农民利益	受制剥削的侵占	劳动所得受保护	劳动所得及"多予、少取、放活"，免征农业税、特产税等，还可获得多种政策补贴
农民的组织	农户单干或成雇工	集体化及家庭承包经营	农民专业合作社或家庭农场、集体经济组织等
农民收入来源	以农业初级产品为主	以农业为主，多种经营	工资性收入，家庭经营收入，财产性收入，转移性收入

　　新中国成立以来，在中国共产党和人民政府的领导下，广大农民翻身得解放成为国家的主人翁，他们以当家做主的责任感依靠科技进步，勤劳创业，不断开创农业新局面，迈上新台阶，为"服务首都，富裕农民，建设社会主义现代化新农村"做出了令世人瞩目的业绩（表 5-3）。

表 5-3　1949—2014 年农业增加值及总产值和农民人均纯收入每 10 年的变数

项目	年份							
	1949	1959	1969	1979	1989	1999	2009	2014
增加值（万元）				51 700	385 300	771 200	1 182 992	1 613 092
总产值（万元）	13 694	37 033	45 960	123 469.7	603 480	1 805 677.9	3 149 533.6	4 218 000
农民人均纯收入（元）	125.0	368.0	304.0	250.0	1 213.0	4 316.0	11 986.0	20 226

注：此表数据分别引自北京市农业科学院资料室汇编的内部资料《北京市农业参考资料》(1949—1969) 和北京市统计局等编写的《北京农村统计资料》(2014)。

随着农业农村经济的发展与提升，农村居民生活水平不断提高，国际上通行用恩格尔系数（即人均生活消费支出占人均纯收入总数的百分比）来表示城乡生活水平和收入水平。按照联合国粮农组织的判定，恩格尔系数 60% 以上为贫困，50%～60% 为温饱，40%～50% 为小康，40% 以下为富裕。北京地区农村居民的恩格尔系数从 1979 年以来随着收入的提升而逐渐下降，总的趋势如表 5-4 所示。

表 5-4　1979 年起每 10 年京郊农村居民恩格尔系数变化表

项　　目	年　　份							
	1979	1989	1999	2009	2010	2011	2012	2013
恩格尔系数（%）	63.9	49.6	40.0	32.4	30.9	32.4	33.2	34.6

按联合国粮农组织的判定，北京地区农村居民在 1990 年（恩格尔系数为 50.7%）前为温饱阶段；从 1991—1999 年即进入总体小康水平；从 2000 年起即进入国家提出的"全面建设小

康社会"，农村居民已达"富裕"。但与首都城市居民相比尚存差距，其生活消费基尼系数：1978—1992 年为（1：1.49）～（1：2.0）（期间 1979 年为 2.0）；1993—2013 年的 21 年中有 17 年农村居民与城市居民的基尼系数（1：2.02）～（1：2.50），有 4 年回落到（1：1.94）～（1：1.98）；其农村居民与城市居民收入基尼系数：1978—1996 年的 18 年间为 1：1.05（1984 年）～1：1.95（1994 年）；1997—2013 年的 17 年中为 1：2.08（1997 年）～1：2.32（2006 年）。但据统计资料显示，从 2009—2015 年，农村居民人均纯收入增速连续 7 年高于城镇居民收入增速。

现代农业的转型与发展不仅解决了农民的温饱并使他们进入小康，同时为首都城市建设积累了原始资本，并日益丰富着农副产品的供给，满足了城镇居民的生活追求。

新中国成立前，北京郊区农业生产力水平很低。1949 年粮食平均亩产 63.8 千克，农副业总产值只有 1.37 亿元，绝大多数农民过的是饥寒交迫的贫苦生活。新中国成立以后，农民在中国共产党领导下翻身得解放，成了国家的主人翁，生产积极性空间高涨，农业生产很快从落后中复苏。1952 年粮食和蔬菜的总产量分别比 1949 年增长了 75.8% 和 178.1%。1953 年中共中央提出："大城市郊区的农业生产，应以生产蔬菜为中心，并根据需要与可能发展肉类、乳类和水果生产，以适应城市需要，为城市和工矿区服务。"由此，北京市从 1949—1957 年的八年内，蔬菜面积扩大 32.6 倍，耕地亩产量增长 1.35 倍，总产量增加 7.5 倍，向城市提供的商品蔬菜量由 1 亿千克增加到 5.29 千克。1954 年，全市商品猪达到 40.2 万头，比 1949 年增长 2.3 倍；1957 年，果品生产总量比 1952 年增长了 21.3%。

1958—1978 年，受频繁的政治运动和"左"的错误思想影响，郊区农业生产与供给出现两次起伏，民众求解温饱亦随之物力维艰。

　　1978 年中共十一届三中全会召开后，全党工作重心转向经济建设。北京市委、市政府于 1982 年提出"服务首都，富裕农民，建设社会主义现代化新农村"的工作方针，积极推行农村经济体制改革，不断调整与完善农村经济政策，实行家庭联产承包和统分结合、双层经营体制，逐步放开农产品流通，极大地调动农民的生产积极性。同时，组织实施"菜篮子""米袋子"工程，加大物质财力投入，引进先进设备、技术，生产条件得到了明显改善。着力于邓小平在 1979 年 12 月 6 日会见外宾谈话中第一次提出的"中国本世纪的目标是实现小康"及现代化建设"三步走"的大战略中的第二步目标，在 2000 年人民生活总体上达到小康水平。"从国民生产总值来说，就是年人均达到 800 美元"。

　　1991 年 11 月，中共十三届八中全会通过的《中共中央关于进一步加强农业和农村工作的决定》，指出："没有农民的小康，就不可能有全国人民的小康。"提出 20 世纪 90 年代总的目标是："在全面发展农村经济的基础上，使广大农民的生活从温饱达到小康水平。"据此，北京市统计局与有关部门研究，提出了"北京市农村小康水平标准"（截至 1995 年）。

　　在"奔小康"的旅程上，北京市一步一个脚印地向前迈进：1979 年到 1991 年粮食生产坚持"提高单产，稳定总产"的方针，1991 年全市粮食平均亩产提高到 640.8 千克，比 1978 年增长 68.5%，总产达到 13.985 亿千克，农村人均粮食占有量达到 715.9 千克，为 1949 年的 4 倍；蔬菜生产贯彻"立足本市，稳定提高近郊，大力发展远郊，充分利用外埠优势"的方针，到 1991 年年产新鲜蔬菜 36.84 亿千克，并实现了周年生产、均衡供应、质量鲜嫩、品种繁多的目标，基本满足了城市消费者的多元需求；干鲜果品生产逐步形成规模化和区域化，1991 年干鲜果品总产量达 2.93 亿千克，比 1978 年增长 67.4%；畜牧业快速发展，1991 年全市交售商品猪 330.2 万头，比 1978 年增长 79.8%，收购鸡蛋 27 877 万千克，为 1978 年的 20.6 倍；1991

年淡水鱼成鱼总产量达 5 570.46 万千克，比 1978 年增长 30.2 倍，为首都市民解决了吃肉难、吃蛋难、吃奶难、吃鱼难的问题。进而迈上奔小康之路，实现了农业的机械化，水利化、电气化、化学化（时称"小四化"）。

1992—1995 年进入总体小康。其间，粮、菜总产量分别稳定在 25 亿千克以上和 40 亿千克左右的水平，种植业和养殖业的商品率分别稳定在 65％以上和 90％左右，牛奶、鲜蛋、北方鲜瓜果的市内收购量已超过市内销售量。1995 年农林牧渔业总产值达到 904 309 万元，比 1978 年的 330 483 万元增长 173.6％。

到 1995 年，粮食总产量 25.98 亿千克，比 1949 年增长 5.15 倍，农民人均占有粮食由 1949 年的 175.3 千克增长到 699 千克，农民口粮由粗粮为主转为以细粮为主；蔬菜全年出售商品菜 36.52 亿千克，比 1949 年增长 35.5 倍，总量基本满足城市需求；果品总产量 46 770.4 万千克，为 1952 年的 10.8 倍；全市生猪出栏 335.9 万头，比 1949 年增长 57.16 倍；全年产奶量 2.16 亿千克，比 1978 年增长 3 倍；出售商品羊 69.8 万只，比 1949 年增长 57 倍；生产鸡蛋 2.79 亿千克，除满足本市外，还有 10％左右销往外地；年产成鱼总量达 8 050.1 万千克，为 1978 年的 45.1 倍。

1997 年市委市政府提出要主动避开"大路货"市场，把发展"六种农业"，即籽种农业、精品农业、加工农业、设施农业、观光农业、创汇农业作为农业结构调整、优化的切入点和推进农业现代化的重要抓手。实践表明，"六种农业"的发展，使城郊型现代农业得到进一步改造与提高，出现了新的经济增长点，发挥了北京地区农业的比较优势。1999 年，全市"六种农业"创造产值 93 亿元，占大农业的比重为 34.5％。在当年遭到严重旱灾情况下，农业增加值增幅提高 2.5％，打破了 20 世纪 90 年代以来徘徊不前的局面，同时提升了市场供给水平；在耕地面积逐步减少的情况下，2001 年郊区"一产"国内生产总值达 93.1 亿元，是 1992 年的近 2 倍；二、三产业增加 533 亿元，对郊区经济增长的贡献率达到 85%；郊区籽种农业产值和精品农业产值分别占农林牧渔业总产值的 23.4% 和 41.4%，设施农业产值占农林牧渔业总产值的 23.6%；养殖业在农林牧渔业总产值中的比重达到 52%；加工农业中的产业化龙头企业达 900 家。郊区农产品向优质、高效、安全方向发展，安全食品、绿色食品、标准化生产得到充分重视，保障了首都市场鲜活品种多样和有效供应。

2005 年出台的《关于加快发展都市型现代农业的指导意见》提出着力于开发农业的生产功能，发展籽种农业；开发生态功能，发展循环农业；开发生活功能，发展观光农业；开发示范功能，发展科技农业。都市型现代农业的实施，从更深层次，更宽阔的领域为首都提供更温馨的服务。

1. 五个农业发展圈　　五个农业发展圈层，即城市农业发展圈、近郊农业发展圈、远郊农业发展圈、山区生态涵养农业发展圈、环京合作农业发展圈把城乡及环京周边地区农业贯通起来，构成京津冀现代农业合作网，充分发挥首都科技优势外溢的带动作用。从实施都市型现代农业以来，京城内兴起了社区农业、阳台农业、屋顶或楼顶农业。更为兴盛的是会展农业——在为人们提供学习、交流农业文化的同时还可为创办者创造可观的收入。在向京外延伸方面，北京市在张家口、承德等地合作建立 20 万亩"北菜园"；首农集团在河北省石家庄满城建立奶牛生产基地，饲养奶牛六万头；大发正大和华都集团在河北承德、张家口、保定建立肉鸡养殖屠宰基地，生产能力为年产 6 000 万只……

2. 推动首都农业发展　　推动首都农业由单一的生产功能拓展为生产、生活、生态、示范多功能融合，在为首都和社会提供多功能服务的同时，涵养农业附加值，以适应面向未来农业在要素加减乘除变幻中的可持续发展，并成为"绿色北京"的基质，成为都市人民宜居的生态乐园。由生产功能派生出来的观光休闲农业园，在 2015 年共接游客 4 043 万人次，总收入 39.2 亿元，在示范功能上农业科技贡献率超过 70%（高于全国平均水平 16 个百分点）。北京农业技术推广站房山区窦店村冬小麦优质高产实验示范基地 253 亩，在高产创建中创造本地区冬小麦平均亩产 681.8 千克的高产纪录（2014），且节水明显，平均每立方米水产出小麦 2.5 千克；小汤山特菜大观园采用工厂化喷雾育苗技术，番茄育成苗每株耗水 0.2 千克，比传统育苗法每株节水 1 千克左右，发挥着很好的示范作用。2015 年全市 65 家育苗场和育苗大户采用集约化育苗技术育苗 1.57 亿株，节水 15.7 万吨，节水率达 83%（《京郊日报》，2015 年 3 月 23 日）。北京作为国家现代农业示范区建设，根据农业部制定的相关监测办法测评，2015 年北京市综合得分超过 75 分，达到基本实现农业现代水平（《京郊日报》，2015 年 3 月 9 日）；生态功能发挥得卓有成效，2015 年全市农林水生态服务价值从 2000 年的 8 754 亿元提高到近 1 万亿元。全市共成功创建"国家生态县" 2 个，"国家级生态示范区" 11 个，"国家级生态乡镇（含原全国最美乡镇）" 96 个，"国家级生态村" 2 个，"北京郊区环境优美乡镇" 41 个，"北京郊区生态村" 2001 个；全面完成平原百万亩造林工程（实际完成 110 万亩），至此，平原地区森林覆盖率从 14.85% 提高到 25%；大力改善水生态环境，累计建成生态清洁小流域 280 条，治理水土流失面积 6 758 千米^2；在全国首创"沟域经济"生态发展模式，形成了"四季花海"等多条知名沟域，实施 933 项工程，总投资 120 亿元，有效提升了市民的幸福指数；全面实现秸秆禁烧，综合利用率达 98% 以上，发挥着涵养生态的作用，彰显生态文明。

3. 开创了农业质量与效益新格局 在适应北京建设成为国际化大都市和国际交往中心中，北京都市型现代农业已建设成世界农业的"地球村"。这里集结着国内外名特优新"特菜大观园"（小汤山）、"世界花卉大观园"（丰台草桥）、"世界园林博览园"（丰台王佐）、"世界葡萄博览园"（延庆张山营）、"国际花卉港"

（顺义）、"洲际月季花博园"（大兴魏善庄）、"西洋梨园"（大兴半壁店）、"世界园艺博览园"（延庆）、"国际种业科技园"（通州于家务）、"以色列农场"（通州永乐店）、"意大利农庄"（顺义）、"鸭与鹅农庄"（怀柔）、"世界草莓品种集结化"（昌平兴寿）、"郁金香花园"（朝阳金盏）、"西集樱桃基地"（通州）、"玉都山冷水鱼苗种基地"（延庆）、"温水鱼苗种基地"（昌平）、"引进优良种猪基地"（顺义小店）、"亚洲土豆研发中心"（延庆）等；集聚世界农业动植（作）物优良种质资源，包括国内外名特优新特菜种质 2 000 种左右，干鲜果品种质 3 000 多种，畜禽上百种，葡萄品种 1 014 个，草莓品种 135 个，锦鲤品种 126 个，百合品种 237 个，郁金香品种 70 多个，园林绿化植物上百种，菊花品种 2 000 多个等。

动植（作）物优良品种是农业走向质量与效益为中心的特质基础，而保证其绿色有机标准化栽培管理是保障农产品生态安全的保证。至 2015 年底，种养业主导产品的标准化覆盖超过 90%。"种业"是科技产业的直接实体，其销售稳定在 100 亿元以上。一批古代贡品翻新。古代的北京人不仅凭借着自己的勤劳与智慧发展农业和农村经济供养着北京城市居民，还培育出许多富有美味特色的农产品进贡于当朝皇廷，时称"贡品"。在"以粮为纲"及计划经济时代里，这些被称为是皇廷奢侈品的农产品不受重视，有的消失，有的只能零星散生，多不成气候。在进入市场经济后，农家以市场为导向竞相发展本地遗存下来的古代"贡品"。如房山区大石窝镇由遗存的一株菱枣为母体采穗嫁接于野枣或其他枣树最后建立起万亩菱枣园，使一片不值钱的枣树翻新优质枣品基地；京西门头沟区军庄镇东庄村由仅存不多的京白梨（古代贡品）现在翻新为精品观光园，供游客观光采摘，每千克售价可达几十元；海淀区的"京西稻"在濒临消亡中被保留 2 000 亩种植面积，换来市民熙来攘往见习农耕文化，其米成为当今的"特供"，凡此等等，笔者见诸媒体已搜集到的就有 60 多种，并都已翻新为特色优质商品进入首都市场，服务大众或为特供品，其价不菲，亦受到外国人的赞誉。

4. 驱动着科技创新和大众创业　都市型现代农业从其内涵中就充塞着以科学发展观为指导，以现代科技和装备为依托，以现代新型农民为主体，以现代信息技术服务与管理为支撑的现代化大农业体系。这既体现着北京市农业决策者强烈的时代感知，又反映出广大农业工作者和农业劳动者深刻认知首都可依靠的科技创新驱动的优势——这里集结着中央在京和北京市及区县三支科教队伍，仅涉农科教人员就有2万多人，他们"上能通天，下能着地"，既有一支强力的科研创新队伍和拔尖人才，又有一支特别能战斗的技术推广队伍，他们被农民称为"科学务农的贴心人"；还有一支善于"借脑袋发财"的"有文化、懂技术、会经营"的新型农民。正是这三支富有科学素养的农业队伍，在市委、市政府的领导下，在都市型现代农业问世之初就一改传统的经营理念——由能生产什么就供给什么转向市场需求什么就生产供给什么。据《北京日报》2015年11月23日在《"十二五"以来北京GDP，年均增长7.7％》一文中的报道："十二五"期间，全市最终消费率稳步提高，由2010年的56.99％提高到2014年的62.5％，消费主导地位越加明显。2011—2014年，消费需求对经济增长的贡献率达到24.4％，高于投资需求45.4个百分点。2005年以来虽有媒体报道某村生产西瓜、某地大白菜、某村山楂丰收出售难。可过几天又传来某村在村官网上发布营销产品消息后"卖难"问题已解决了。这表明原来"卖难"是供需讯息不通造成的。就总体表看，北京地区农产品基本不存在"库存"问题。这是因为都市型现代农业提出的目标就是强调产品的生态、安全、优质、高效、高端。据笔者观察，在实践中，都市型现代农业的生产经营理念发生了根本性的转变：

（1）由产品的生产经营延伸为农耕文化经营　在过去农业生产基地的基础上创意建成观光休闲农业园，供游客观光休闲和采摘，同时还带动了当地的民俗旅游，大大提高了农业的附加值（表5-5至表5-7）。

表5-5　主要年份观光休闲农业

项目	年份						
	2005	2010	2011	2012	2013	2014	2015
观光园数（个）	1 012	1 303	1 300	1 283	1 299	1 301	1 328
总收入（万元）	78 810.0	177 958.4	217 151.8	268 820.9	273 600.0	249 000.0	263 000

资料来源：北京市统计局等.《北京市农村统计资料》.2013.

表5-6　主要年份设施农业

项目	年份						
	2006	2010	2011	2012	2013	2014	2015
设施农业（亿元）	21.1	40.7	45.6	52.0	57.3	51.3	55.5
占耕地面积（公顷）	17 832	18 323	18 626	19 059	18 852	18 232	23 667

资料来源：北京市统计局.《北京农村统计资料》.2013.及《北京日报》2015年2月12日，2016年2月15日.

表5-7　主要年份民俗旅游

项目	年份						
	2005	2010	2011	2012	2013	2014	2015
民俗旅游产数（户）	13 899	13 907	14 443	15 135	8 863	8 863	8 941
总收入（万元）	31 402.0	73 471.6	86 822.2	90 548.4	101 958.7	113 000	129 000

资料来源：北京市统计局.《北京农村统计资料》.2013.

设施农业是都市农业在有限的空间（包括土地、光热气及室内立体空间）内增值利用空间资源最为有效的保护性生产，就耕地来说，一亩地能当几亩地种且为周年生产、周年上市，是"人定胜天"的有效之路。

（2）将科技强势转化为产品优势　据首都科技发展战略研究院发布的《首都科技创新发展指数 2015》数据显示，"十二五"时期，"首都科技创新发展指数"增长态势明显……指数得分从 2010 年的 79.7 分，增长到 2014 年的 88.72 分，始终保持持续增长态势，总体增幅达 8.95 分，年均增长 2.23 分，北京创新综合能力排名居全国首位（《北京时报》2016 年 2 月 26 日）。国家统计局最新公布的《国家科技服务业统计分类（2015）》测算中指出："2014 年北京市科技服务业增加值约为 3 635.6 亿元，占北京生产总值的 17%，'十二五'以来年均现价增速为 8.8%"，并指出北京市"科技服务业发展水平全国领先"。这两份报告都反映出北京地区的科技优势。在科技服务中，都市农业是科技强势溢出与转化的重要领域。如：北京市农业技术推广站在服务都市农业中一直坚持上山下乡进村入户送科技到田间地头，技术培训到人头，帮助农民用现代技术打破了"橘生淮南为橘，生于淮北为枳"的传统事实，一举实现"南果北种"；帮助农民在温室中开辟出草莓生产的新天地并使品种不断更新换代；开创出繁花似锦、满目琳琅的特菜大观园，并遍布京华大地；帮助农民首创 1 米³ 的水产出 2.5 千克小麦、育一棵菜苗节水 1 千克的纪录……农业动植物品种创新是首都科技强势的重要方面之一。实践表明品种创新驱动着都市种业走强。

①北京发展种业得益于得天独厚的科技创新优势（表 5-8）。这里聚集着 20 多家国内知名的农业科研院所和高等农业院校的育种单位，每年选育出适合国内不同地域的优良品种上百个，不仅使北京农业良种化，并不断更新换代，还向国内外辐射。北京市农林科学院培育的杂交小麦被巴基斯坦、印度等国引种，表现

突出，受到了当地欢迎；"京科糯2000"鲜食玉米被韩国买入使用权。在面向国内市场方面，小麦良种遍及津冀；良种奶牛冷冻精液占国内市场50％以上；良种蛋鸡种鸡占20％～30％；蔬菜良种占30％以上；冷水鱼苗种占60％左右；北京进口内销的种子占全国进口的25％以上。据有关资料显示，北京市主要农作物的良种覆盖率达90％以上，猪、鸡、奶牛的良种覆盖率达100％。北京种业已渐成后农业中的强势产业。

表5-8　种业收入

单位：万元

项目	年份				
	2005	2010	2011	2012	2013
合计	59 370.9	145 734.1	181 189.0	160 947.9	139 807.6
农业（种植业）	10 083.1	12 546.1	15 844.2	8 671.6	5 368.3
林业	2 010.1	7 876.4	7 492.3	8 541.5	5 622.2
牧业	45 315.6	121 332.1	150 905.4	136 284.3	125 936
渔业	1 962.1	3 979.5	6 947.1	7 448.5	2 881.1

②科技强势驱动产品加工增值业的发展。在现代科技的支撑下，到2013年，北京已建成15个国家级农产品加工业示范基地，13家农产品加工创业基地，全市规模以上农产品加工企业304家，实现工业总产值849亿元。

③依靠科技强势发展"五节"农业。应用现代节水装置发展节水灌溉农业，2013年全市万元农业增加值用水量仅562米^3，较2009年下降44.7％，2015年全市累计减少农业用地下4 460余万米^3，相当于24个昆明湖的蓄水量。万元农业增加值能耗0.663吨标准煤；在节药、节肥、节地方面都有明显业绩。

设施农业生产水平不断提高。到2015年末，全市设施农业面积达到35.5万亩，养殖基本实现规模化集约型养殖，菜肉自给率稳定在30％以上（预期），禽蛋奶自给率稳定在60％左右。

农产品质量安全水平持续走在全国前列（《京郊时报》2016 年 3 月 9 日）。

④科技撑起生态文明，农村建立现代技术污水处理站和处理厂共 1 093 个，污水处理率达 66.2%；垃圾无害化处理达到 97.2%；35% 的农户用上可再生资源（太阳能、生物质能、地热能等）；建设集雨工程 500 余处，新增蓄水能力 3 500 多万米^3；科学植绿，全市森林覆盖率由 37% 提高到 41.6%，林木绿化率由 53% 提高到 59%，平原地区森林覆盖率由 14.85% 提高到 25%，建立大型城乡森林公园 30 个，40 个郊野公园初步形成，山区"山会招呼，水会唱歌，树会说话"；山区、平原新农村呈现出"村在林中，路在绿中，房在园中，人在景中"的景象。京华大地"青山环抱、森林环绕、绿海田园"，涌现出一批"生产美、生活美、环境美、人文美"的"北京最美乡村"。

(3) 由低位生产经营转向中高端生产经营　有信息透出首都消费水平以中高端为主，对农产品的品位已提出相应的需求。在市场的导向下，京郊农业生产经营便借助首都科技创新优势急转而上，避开"大路货"，生产经营名特优新产品及其加工品。这样做收到了既提质（档次）又增效的效果。

(4) 会展促发展　借助首都作为国际交往中心的魅力，国内外学界业界都向往在北京召开顶级学术、创业的成就交流大会展示、促进相互交流，共同兴学、兴业。北京农业确也借助于日益密集、日益多样化、日益升格的国内外农业会展提高了现代化水平——往日的废河滩沙石流借助世界园林博览会的创办一下子呈现出世界园林景区，成为古老永定河滩上一座令人观之心旷神怡的乐园和农民就业致富的宝地；延庆区借助马铃薯会议的召开和中国农科院创办的世界马铃薯中心亚太中心及国家马铃薯工程技术中心，打造马铃薯"种源之都"，利用本区的冷凉资源，年产 1.5 亿粒微型脱毒原原种，占全国总产量的近 10%；顺义区借助国际花卉展创建起国际花卉港，如今成为游客熙来攘往的观光园；昌平区借助国际草莓大会，搜集到一百多个草莓良种和先进栽培技术，开创了北京市最大的草莓生产营销基地；大兴区借助举办世界月季洲际大会引入 2 000 余种月季，并创办起世界第一座月季博物馆；延庆区因借助承办世界园艺博览会和葡萄博览会而发展起先进的园艺基地和葡萄生产与酿酒基地，并带动河北省怀来县的相关产业。会展农业已成为北京都市型现代农业追踪世界农业发展时尚的风景线。

从以上四点可以看出，北京都市型现代农业已进入以内涵为主的集约型发展模式。在耕地面积由 1978 年的 429 234 公顷，1995 年的 394 395 公顷，2004 年的 236 437 公顷减少到 2012 年的 220 856 公顷；农业用水量由 1991 年的 21.52 亿米^3，2005 年的 13.22 亿米^3 降到 2013 年 9.1 亿米^3，预计到 2020 年农业用新水 4 亿米^3；农业从业人员由 1978 年的 120.7 万人，1995 年的 65.5 万人，2004 年的 57.9 万人降到 2013 年的 54.4 万人。这三者可是农业生产力构成的重要资源因素，在它们递减的情况下，农业的增加值（大农业）却逐年递增：1978 年为 56 300 万元，1995 年为 735 000 万元，2004 年为 955 400 万元，2013 年则达 1 618 308万元；农业的生态服务价值持续升值，从 2000 年的 8 754亿元提高 2015 年的近 1 万亿元（这里的农业包括农村）。农村居民人均纯收入：1978 年为 225 元，1995 年为 3 208 元，2004 年为 7 172 元，2013 年为 18 337 元，2015 年则达到 20 569 元。从 2011 年以来的五年中年均增长 11.2%，增速连续 7 年快于城镇居民，低收入农户人均可支配收入达到 8 494 元，年均增长 14%，增速连续 5 年快于农民平均水平。

当然，在发展都市型现代农业中，农民增收不都来自务农，在城乡统筹中促进农民转移就业中，农民工的工资性收入稳在 70% 以上；在"土地流转起来，资产经营起来，农民组织起来"中，农民获得了财产性收入和经营性收入，但这些都是在发展都市型现代农业的政策中带动起来的。都市农业是与都市相互呵护的，它的地盘会因城市建设而缩小，但因它是呵护城市发展而建立起来的，服务城市的特质与能力是一般地区农业不可替代或难以替代的，因此，不论其所占地盘大小，其特有的服务功能会支撑它，依靠这个内涵它可持续发展下去。

然而，农业是与天奋斗、与地奋斗、与人类的亲和性奋斗的产业，受自然界和人类需求变化的不确定因素影响较大。特别是地，被称为是农民的"金饭碗"，农民的最大利益是集体土地的升值潜力——一是对土地的拥有量，二是有赖于土地的产出率。就京郊农民来说，其对土地的拥有量因城市扩展而锐减，从2014年都市型现代农业"升级版"中粮经耕地面积由2013年的170万亩减至80万亩，整个农业耕地面积仅为150万亩。在耕地的锐减、养殖业规模缩减等因素，2015年全市第一产业增加值为140.2亿元，同此下降9.6%。农地锐减对首都发展来说是不可逆转的。事实上农林牧渔业总产值在北京国民经济中所占比重已不到1%，不过农民还期待着集体经营性建设用地和农村宅基地作为资产经营起来产生增值效应，同时加速让分散承包经营的土地流转起来，鼓励和支持土地向集体经济组织、家庭农场、农民合作社等新型经营主体流转，把更多的非农用地留给农民集体开发，让农民分享土地增值收益。

水是农业的命脉。面对长期以来的干旱，推行节水高效农业是正策。不过水是可再生可流动的资源，农业对水的依赖弹性要比依赖土地宽松得多。如何保障旱涝保收、增收，现有经验和科研成果有不少值得总结推广的，以解缺水的困扰，与发达国家相比我们尚有"百尺竿头"可攀。

中央提出的"供给侧"这一崭新理念，为北京都市型现代农业"升级版"指出了方向。都市型现代农业的本质就是服务、服从于首都人民的生产生活需求。而北京作为国际化的大都市，社会各界对农业的需求是多方面、多层次的，且既有量的问题亦有质与效益问题，还有应时应急的问题。这对于一个面向大城市小郊区的农业来说是一个难题。不过北京农业就是在迎难而上服务城市所需中发展起来的。在计划经济体制下，北京农业按计划生产，产品由政府统一派购和包销；改革开放中北京成了国内外农产品大市场，在此大背景下北京农业审时度势避开"大路货"，发展中高端"产品"，一度提出发展"六种农业"，使北京农业实现又一次质的飞跃；随着人的生活总体进入小康，北京农业由单一的生产供给功能拓展为生产、生活、生态、示范等多功能服务，将产品品位提升到以"生态、安全、优质、高效、高端"为目标的名特优新上来。市民在都市型农业中看的是景观，吃的是名优产品，休的是农家乐园，学的是农耕文化，享的是神心愉悦目，览的是大千世界。

面向全面小康社会，需求会更兴旺，而面对农地的紧缩，都市农业的"供给侧"将落定于提质增效的集约型增长方式上来，即在提质的基础上提高产量，又适销对路，方可增效。

①与发达国家现实相比，在科技作为"第一生产力"的贡献率中，美国、以色列等国稳定在 70％～80％，而北京地区则波动在 60％～70％，只此一项即有 10％～20％的提升空间。

②在设施农业土地产出率方面，荷兰、以色列等国早在 20 世纪 90 年代每平方米即可产黄瓜 50～60 千克，甚至更高，而北京地区则不到 20 千克。就设施装备水平来说，荷兰、以色列、法国、美国等国家先进的大型温室在京郊都有引进，但据调查资料显示，其产量、效益不高，有的甚至赔钱。

③农地资源利用欠精细。设施农业群内棚室之间的多数空间没有好好利用，一些供人游乐的"景观农田"只图花花草草招客卖门票的收益，不讲究景观的产能效益。这种潜在的土地资源产能浪费值得关注。

④劳动者的创新创业素质尚有提升的空间。据调研资料表明，劳动者受教育程度对其创业增值效益影响极大。有对具小学文化、中学文化和大学文化农业劳动者的绩效考评，在给予同样

投入条件下，三者的获益比为 1：10：100。北京市农村从业人员人均受教育年限到 2013 年为 10.8 年，只相当于中等文化程度，他们的劳动投入收益与大学文化者从理论上讲相差 10 倍。农业劳动者科学文化素质的提升可促进农业提质增效。近年来，京郊已出现一批超群的大学生创业提升"供给侧"的典范。平谷区一位从山沟走进平原的高职毕业的张涛，开始只凭 500 元的本钱走村串户收购与经营各种农产品小生意，由于豌豆卖价比较高便着力经营豌豆，先从零散收购与销售做起，后因需求旺盛、利润高便挑头创办起北京荣涛豌豆产销专业合作社，张涛任社长。如今她带领 4 000 户，种植豌豆 15 万亩，豌豆籽种销售占据全国一半市场，豌豆休闲食品走向世界，累计为农民返利 2 470 万元，她自己也由山里穷姑娘变成致富能手，被称为"豌豆女王"。房山区琉璃河镇贾河村一位 2015 年毕业的大学生放弃市里的高薪岗位回家办了"洪进秋子梨专业合作社"，一头连果农，一头接市场，实现了"互联网＋农业"的产销对接，有效避免了京白梨的滞销，仅 3 个多月就为本村 40 户果农卖出 5 万千克京白梨，平均每千克由过去的 3 元上升到 10～20 元。可见加速提高农民科学文化素质对搞活农产品"供给侧"，提升农业服务水平和效益是至关重要的，是都市农业突破资源约束放开搞活与可持续发展的根本动力。

⑤农业现代化是供给侧改革的关键，马克思关于社会扩大再生产理论认为，生产资料生产的增长最终要依赖于消费资料生产和个人消费。经济学家霍夫曼认为产业的关联度有前向关联、后向关联、旁侧关联和旁侧效应，应当以后向关联度最大的最终产品作为支柱。在消费品中，食品工业是提供最终产品的产业，它的后向关联度最大，能够带动原材料（初级农产品等）、零部件、服务、物流等产业的发展，把它作为今后都市型现代农业的支柱产业是非常必要的。有资料显示，消费品工业的就业率相当高，投资 100 万元的固定资产，可增加 257 个劳动力就业。消费品产

业六至七成的资源来自于农副产品，首都庞大的消费人群——定居的 2 170 多万人，流动的 800 多万人，其食品消费洋洋大观。当然首都需求得靠全国之力，事实上，北京已是东西南北中消费品的集聚中心，但是作为首都需求的市场腹地，外埠无法替代或难以替代应急保障功能、生态屏障功能，创业示范功能、休闲腹地功能、会展交流功能等，而这些功能性农业也绝不是按部就班的作为所能实现的。应当看到，我国农业发展到今天，农产品总量充足，温饱型农产品已经实现供需平衡，甚至产能过剩，扩大温饱型（大路货）农产品消费的空间越来越小，但中高端农产品消费的市场空间很大，供给不足。这是北京都市型现代农业向纵深发展创新创业的大好机遇，北京也有底气抓住机遇阔步前进——沿着水利化（高效节水）、机械化、信息化、规模化、集约化、商品化、市场化、产业化、标准化、生态化、组织化、企业化、专业化的过程，用现代物质条件装备农业、用现代科学技术改造农业、用现代经营方式推进农业、用现代发展理念——创新、协调、绿色、开放、共享引领农业，用培养新型农民来发展农业，把都市型现代农业推向以创新引领创业的新阶段，以新兴的生产力在有限的土地上持续为首都提供中高端消费服务。

面对供给侧的改革，北京正在实施都市型现代农业升级版——高效节水农业。一是缩减粮田，增加蔬菜和果树生产，适度控制养殖规模，节地节水，呵护环境；二是发展首都市场需求的中高端农产品和外埠不可替代或难以替代的特色农产品，以及应急性农产品、农产品精深加工；三是发展休闲旅游农业，这是一、二、三产高度融合的产业链和增值链；四是与津冀联合发展合作农业；五是植树造林，发展绿、美、净、碳汇产业和生态农业等，创新农业产业链和增值链。

⑥扬创业之长，补农业体量短板。自古以来，北京农业一直是围绕着北京城市的发展需求而创新创业的，固因两种社会制度下呈现两重天——1949 年前是自给自足的传统农业，新中国转

向国家型的现代农业，但是坚持创新（只是水平分高低）、驱动创业、发展生产力、提高城乡供需水平则是北京持续（当然不同历史时期发展水平不同）发展的宝贵经验。这个经验又经受了都市型现代农业向体量渐行紧缩的考验。

"科学技术是第一生产力"。马克思所讲的"生产力三要素"（劳动者、劳动资料和劳动对象）无一不渗透着、融合着科学技术，并依靠着不断创新而提高。科技创新是无休止的，是驱动创业者的动力源泉。北京享有得天独厚的资源与力量，只要把握到位就会成为都市型现代农业升级版实施与供给侧结构性改革的不竭动力，可以发挥创新补缺、提质增效、营造生态文明、经济文明的巨大关联作用。

1949 年以来，北京作为国家的首都，农业供给侧一直坚持面向首都需求侧并逐步转为"服务首都，面向全国，走向世界，富裕农民，建设社会主义现代化新农村"，坚持投资、消费、出口"三驾马车"为需求侧服务，坚持从大城市小郊区的实际出发，瞄准首都中高端市场的需求，发展以农产品生产为主的消费品产业和市场，特别是大力发展以农产品加工为主的消费品工业。为此，郊区发展起一批产加销一体化、贸工农一条龙的龙头企业，支撑着北京农业"供给侧"，繁荣着首都市场，营造着农村生态文明和休闲腹地乐园。

服务首都、富裕农民是北京都市型农业现代化的出发点和落脚点。服务到位就得瞄准需求，富民就得投资补农业短板，并搞活流通提效。

附：数说北京都市型现代农业

一、"十五"（2001—2005 年）期间

1. 农业从传统向都市型现代农业转变　到 2009 年实现第一次现代化，进入第二次现代化（何传启，《中国现代化研究报告 2012：农业现代化研究》，北京大学出版社，2012）。

2. 传统农民向有文化，懂技术，会经营的新型农民转变　农民平均受教育年限达 10.26 年，万名农民中有农业科技人员 5.6 人。

3. 农村正在由城乡分割向城乡一体化融合转变　农民成为拥有集体资产的市民，农村走向城镇化的社区。

农村全面小康综合实现程度为 86.5%；其中：农村居民人均纯收入 6 691 元（2005 年），第一产业劳动力比重为 31.8%，农村居民基尼系数为 0.32，恩格尔系数为 32.8；农民信息化程度达 77%，万元农业生产总值耗水量为 1 352 米^3，农业从业人员由 2000 年的 69.7 万人下降到 58.6 万人。

耕地面积：1995 年为 39.9 万公顷，2000 年为 32.9 万公顷，2001 年为 30.1 万公顷，2004 年为 23.6 万公顷，2005 年为 23.3 万公顷。

农机总动力：1995 年 468.1 万千瓦，2000 年 399.2 万千瓦，2005 年 337.7 万千瓦。

农林牧渔业总产值：1995 年为 164.4 亿元，2000 年 195.2 亿元，2001 年 214.1 亿元，2005 年 268.8 亿元。

农村居民人均纯收入：1995 年为 3 208 元，2000 年为 4 687

元，2005 年为 7 860 元。

农村居民人均纯收入构成（2005 年）：工资性收入 61％，家庭经营纯收入 25％，财产性收入 8％，转移性纯收入 6％。

二、"十一五"（2006—2010 年）期间

"十一五"是北京都市型现代农业提出后的开局五年，确显新生业态的生命力。这五年全市按照"生态，安全，优质、集约、高效"的发展目标，全面布局与实施都市型现代农业。

耕地面积：2006 年为 23.3 万公顷，2008 年为 23.2 万公顷，2010 年为 22.38 万公顷。

农机总动力：2006 年为 325.5 万千瓦，2010 为年 2 760 万千瓦。

农林牧渔业总产值：2006 年为 240.2 亿元，2010 年为 328.0 亿元，2012 年为 395.7 亿元。

平均每一从业人员创造农林牧渔总产：2006 年为 36 559.0 元，2010 年为 54 579.0 元，2012 年为 70 258.0 元。

农林牧渔业增加值：2006 年为 887 956 万元，2010 年为 1 245 058 万元，2012 年为 1 501 997 万元。

观光休闲农业总收入：2006 年为 10.5 亿元，2010 年为 17.8 亿元，2012 年为 26.9 亿元。

设施农业总收入：2006 年为 21.1 亿元，2010 年为 40.7 亿元，2012 年为 25.0 亿元。

设施农业占地面积：2006 年为 17 832 公顷，2010 年为 18 323 公顷，2012 年为 19 059 公顷。

种业收入：2006 年为 7.7 亿元，2010 年为 14.6 亿元，2012 年为 16.1 亿元，2011 年为 18.1 亿元。

种业外埠收入：2006 年为 1.4 亿元，2010 年为 8.1 亿元，2012 年为 9.1 亿元，2011 年为 11.7 亿元。

民俗旅游收入：2006 年为 3.7 亿元，2010 年为 7.3 亿元，2012 年为 9.1 亿元。

都市型现代农业生态服务价值：

①贴现值：2006 年为 5 813.96 亿元，2010 年为 8 753.63 亿元，2012 年为 9 182.07 亿元。

②年值：2006 年为 721.44 亿元，2010 年为 3 066.36 亿元，2012 年为 3 439.39 亿元。

农村居民人均纯收入：2006 年为 8 620 元，2010 年为 13 262元，2012 年为 16 476 元。

农村全面小康实现程度：2006 年为 86.9%，2010 年为 93.2%，2012 年为 94.2%。

农村城镇化实现程度：2006 年为 23.3%，2010 年为 84.0%，2012 年为 85.2%。

新农村建设实现程度：2006 年为 69.3%，2010 年为 81.07%，2012 年为 83.86%。

2010 年有农民专业合作组织 4 461 个，加入合作社的农户为 21.3 万户。

全市种养业结构由 2005 年的 43.2∶54.1 调整为 2010 年的 52.1∶46.1。

三次产业结构由 2005 年的 31.8∶27.8∶40.4 调整到 2010 年的 17.3∶30.0∶52.7。

"十一五"时期农民收入基尼系数：2005 年为 0.322 1，2006 年为 0.321 6，2007 年为 0.319 2，2008 年为 0.309 0，2009 年为 0.303 1，2010 年为 0.304 5。

到 2010 年，平均每一就业劳动力创造纯收入达到 15 075 元，比 2005 年增加 4 580 元，平均每年增加 916 元，年均增长 7.5%。

农村劳动力本地就业从事农业与非农业比例，由 2005 年的 32.3∶67.7 转变为 2010 年的 18.6∶81.4。

万人农业科技人员（2010 年）达到 11.7 人，农村人口平均受教育年限为 10.9 年，农村居民恩格尔系数为 30.9。

万元农业增加值用水量为 913.8 米^3。

农业从业人员 60.1 万人，占总劳动力的 17.3%。

农业信息化程度（包括生活）为 81.8%。

农村居民人均纯收入构成（2010 年）：工资性收入为 8 007 元，占 60.4%，家庭经营纯收入 1 857 元，占 14.0%。

财政性收入 1 590 元，占 12.0%；转移性收入 18.8 元，占 13.6%。

农民人均纯收入增长是农业经济持续综合发展的见证（附表1）。

附表 1   2006—2010 年农民人均纯收入增长情况

	2006	2007	2008	2009	2010
人均纯收入（元）	8 620	9 559	10 747	11 986	13 262
比上年名义增长（%）	9.7	10.9	12.4	11.5	10.6
比上年实际增长（%）	8.7	8.2	6.5	13.4	8.1
城乡居民收入水平比（农民＝1）	2.32	2.30	2.30	2.23	2.19

城乡居民收入水平比在缩小，表明农民分享到城乡一体化的红利。农民的消费水平相对在拉高，如城乡消费水平比：2006 年为 1：2.45，2007 年为 1：2.25，2008 年为 1：2.15，2009 年为 1：1.96，2010 年为 1：1.97。

2008—2012 年，农村生活垃圾焚烧和生化处理比重由 10% 提高至 15%，污水处理率和再生水利用率分别达到 83% 和 61%。在这五年中，乡村旅游收入从 16.1 亿元增至 36 亿元，实现了翻番。

2004—2012 年，市政府投资向郊区比重连续 8 年超过 50%。

从 2009 年起每年实施 30 万亩农业基础建设和综合开发任

务，到 2012 年累计投资 46.41 亿元，打造出 129 万亩优质农田。

经过多年大规模绿化美化建设，到 2012 年，全市森林资产总价值达到 6 292 亿元，其中生态服务总价值达到 5 617 亿元，年固定二氧化碳 992 万吨，释放氧气 724 万吨。

2008—2012 年的五年中，建成 2 个国家级生态县，5 个国家级生态示范区，68 个国家级环境优美乡镇，1 029 个市级生态村。

2011—2012 年，京郊农民非农就业率达 82.1%，工资性收入成为农民收入的主体，占比达 65%。

果品、花卉、种苗等林业产业到 2012 年，累计总产值已达 78.5 亿元，占全市种植业总产值的 46.1%，带动京郊 100 多万农民就业。

2012 年全市涉农贷款全额达 1 823.6 亿元；政策性农业保险承保范围达 19 类主要农业品种，农村产权交易所实现了远郊区县全覆盖。

（以上八条均引自《京郊日报》，2013 年 1 月 23～25 日）。

据《京郊日报》报道：到 2013 年 6 月，顺义全区的创中国驰名商标已从最初的 2 件发展到 16 件，北京市著名商标已达 39 件，全区注册商标总量突破 2 万件。为推动全区品牌的发展，该区在全市率先出台了鼓励品牌创建的政策，即对认定为驰名商标的企业，给予一次性奖励 100 万元，对被认定为著名商标的企业，给予一次性奖励 50 万元，对被认定为顺义区知名商标的企业，给予一次性奖励 3 万元，对于以中国为第一商标注册地的商标，每件给予 500 元的补贴奖励。到 2013 年该区用于品牌建设的资金投入达 3 000 多万元，而品牌企业所创的属地财税收入已占到总额的 80% 以上。

京郊 3 975 个行政村全部建有益民书屋，240 余万名农民从书中受益（从 2005 年 12 月 18 日启动读书益民工程到 2013 年为止的数据）。

到 2014 年，通州区共建立了 8 家蔬菜育苗场，每年可育苗 4 105 万株（《北京日报》2014 年 5 月 6 日）。

2014 年延庆区承办的第十一届世界葡萄大会期间，引进国内外葡萄新品种 1 014 个。该区唐堡村建有设施葡萄园，集纳来自世界和国内各地的葡萄新品种 840 个，占地 450 亩，建有温室 71 栋，成为知名的葡萄专业村。

从 2011—2012 年的两年中重点对 11 条沟域进行治理与开发。11 个重点沟域是：延庆四季花海沟域；密云司马台、雾灵山国际休闲度假区沟域；怀柔天河川沟域；门头沟爨柏沟域；平谷十八弯沟域；延庆百里山水画廊沟域；怀柔白河湾沟域；房山蒲洼沟域；昌平西峰古道沟域；平谷丫髻山道教养生谷；怀柔长城国际文化村。

从环境整治，生态建设，基础设施，特色产业，村庄和新民宅五项建设工程入手，其实施项目 264 个，完成投资 59.4 亿元，取得了生态提升，环境改善，农民增收的初步成效（《北京日报》2012 年 11 月 20 日）。

北京乔治海茵茨飞机制造有限公司于 2012 年 8 月入驻密云经济开发区，主要组装生产 10 座以下的 CH 悍马型飞机，将用 3～5 年时间出产 300 架飞机，造价在 150 万～300 万元之间。

京郊农村居民人均纯收入实际增速连续 6 年（2009—2014年）超过城镇居民。统计数据显示，2009—2014 年，北京市农村居民人均纯收入实际增速连续 6 年超过城镇。这 6 年来，农村居民人均纯收入实际增长 8.9%，比城镇居民快 1.5 个百分点，农村居民人均纯收由 2009 年的 11 986 元增长到 2014 年 20 226元，其间，2010 年为 13 262 元，2011 年为 14 736 元，2012 年为 16 476 元，2013 年为 18 337 元。城乡收入差距 2008 年达到 2.30：1，到 2014 年则降为 2.17：1。

投资 22 亿元建设 221 个沟域项目，每条沟域平均投资近 8 000 万元，用于环境整治和生态建设。经过两年封育保护、污水处理、整修护坡，湿地恢复，京郊 66 处沟域变得山葱郁、水清澈，景怡人。怀柔区喇叭沟门镇白桦沟域 2014 年国庆"黄金周"挣了过去一年的钱。7 天中接待游客 8 万人次，综合收入 623 万元。房山区上方山发展油菜花、彩葵花 1 500 亩，安置就业 621 人、花卉收益 900 余万元，创造了"土地流转收入＋就业工资收入＋花卉产业确权分利收入"的增收模式，2013 年前三季度，上方花海综合收入 2 200 万元，户均增收 7 000 元。

三、"十二五"（2011—2015 年）期间

北京都市农业在持续调结构、转方式、增效益、惠民生，发展高效节水农业，打造都市农业"升级版"的实践中，农业耕田减少了，农业用新水量大幅下降，已由 2004 年的 13.5 亿米³ 下降到 2014 年的 7.5 亿米³，耕地平均灌水量下降到每亩 208 米³，而每立方米水的粮食产出提高到 1.5 千克。从 2005 年开始，农业用水量低于生活用水量，退居第二位。从 2014 年开始又一次大幅度减农业用地。据统计资料显示 2008 年有农用地 348 万多亩，而到 2015 年粮经耕地面积由 2013 年的 170 万亩减至 80 万亩，菜田面积由 2013 年的 59 万亩增加到 70 万亩，水产养殖用地 5 万亩，畜禽用地 2 万亩。农业节水方面，到 2020 年，用新水总量由 2014 年的 7.5 亿米³ 下降到 4 亿米³，但灌溉水利用系数由 0.7 提高到 0.75 以上。由于政策落实到位，支撑举措到位，在紧束的资源下，从 2014 年到 2015 年一季度都市农业展现增长势头，真可谓"升级版"开门红：

蔬菜总产量为 19.9 万吨，瓜果产量为 0.73 万吨，牛奶产量为 14.8 万吨，禽蛋产量为 4.9 万吨，同比增长分别为 13.2％、1.9％、7.4％；生猪、家禽出栏量分别为 73.7 万头和 1 625.5 万只，同比分别减少 5.0％和 7.1％，符合预期走向。

农业观光园和民俗旅游户共接待游客 315.2 万人次，实现收

入 5.1 亿元，同此增长 17.2%,（《北京日报》2015 年 5 月 5 日）

农村人均可支配收入 16 049 元，同比增长 7.8%，高于城镇人均可支配收入的同比增长率 7.1%（《北京日报》2015 年 4 月 30 日）。

2015 年春，全市 65 家育苗场和育苗大户仅春温室、大棚茬口集约化育苗量达 1.57 亿株，可省水 15.7 万吨，节水达 83%（《京郊日报》2015 年 3 月 23 日）。

2015 年第三届北京农业嘉年华，历时 51 天，"好玩农业"引来游客 118 万，体验北京都市型现代农业魅力，展会总收入 3.03 亿元（《北京日报》2015 年 5 月 5 日）。

2015 年平谷桃花音乐节接待游客 179 万余人，实现旅游观光收入 10 609.41 万元，开创了"赏花经济"。其间太后村刘二平家在 10 天赏花季赚了十万元，比一年种桃的收入还要多（《北京日报》2015 年 5 月 5 日）。

2015 年，首季完成 1.5 万亩节水灌溉建设任务，占全年任务的 30%。其中主推的集约化育苗技术，用水量仅为传统方法的六分之一；昌平建成自动灌溉施肥系统示范区，与常规管理相比节水 20%。

自 2014 年 9 月以来，北京市围绕"调结构，转方式，发展节水农业"。2015 年，一季度，农业产值增幅实现了两位数增长，产值达 12.3 亿元（《北京日报》2015 年 5 月 5 日）。

据市统计局和国家统计局北京调查总队上半年统计：2015 年，北京市农业生产规模收缩，粮食蔬菜播种面积同比分别减少 11.6% 和 3.7%。养殖业规模持续下降，家禽出栏数和生猪出栏同比分别下降 9.6% 和 5.9%。1～6 月，全市观光园实现收入 10.8 亿元，增长 7.9%：民俗游实现收入 5.6 亿元，增长 17.1%。农民人均可支配收入 11 018 元，增长 9.1%。扣除物价因素，实际增长 7.5%，增幅比城镇居民高出 0.8 个百分点。

当然都市型现代农业"升级版"潜能的发挥也非今日彰显，

从 2006—2013 年，北京市累计推广测土配方肥 59.37 万吨，推广面积 1 219 万亩次；全市绿色防控农业虫害面积，从 2006 年的 46.75 万亩增加到 2013 年的 113.6 万亩，生物农药使用比例从 4.8% 提高到 14.23%，化学农药用量下降了 34.6%（《北京日报》2014 年 4 月 27 日）。这两种农业举措已进入常态应用。

经环保部与农业部确认，北京市农业化学需氧量（COD）和氨氮已经分别下降了 12% 和 10%，均已超额完成市政府农业水污染源减排考核指标。由此北京市成为全国完成"十二五"农业污染减排任务的省市（《北京日报》2014 年 4 月 2 日）。

打造北京都市型现代农业"升级版"的底气在于创新。只有不断创新才能找到都市农业与发展的契合点，只有创新，才能实现有限的土地、水等资源产值的最大化；只有创新，才能不断提高农业产品的附加值，也只有创新，才能在竞争中独辟蹊径找到未来可持续发展的路径。京郊农业在新一轮"调结构、转方式"中，农业体量明显缩减，城市功能提供转移的可能，给城市发展提供绿色生态保障，给中国农业现代化提供展示窗口，给市民宜居提供良好的环境与服务。只有创新驱动，都市农业"升级版"才能以其"小体量"担负起"大担当"，才能顺应时势与经济的发展，实现城乡完美对接，让农民真正安居乐业。

1. 都市型节水农业　农业灌溉用新标准：从 2015 年起设定"521"标准，即设施农业每亩每年用水不超过 500 米³，大田作物每亩每年用水不超过 200 米³，果树林地每亩每年用水不超过 100 米³。对农业用水还要"三起来"，即"地下水管起来"，对严重超采区退出粮经作物生产不再增加蔬菜生产面积和用水；"雨洪水蓄起来"，充分发挥已建立的 1 300 处集雨工程，蓄水能力达到 2 800 万米³；"再生水用起来"。

市统计局公布的最新数据显示，2006—2014 年，北京市农业用水量年均下降 5.2%。综合分析认为，"十一五"以来第一产业对全市万元 GDP 水耗的下降贡献最大。

2014 年全年共节水 4 008 万米^3。农业节水主要得益于不断推广节水新技术和节水型农作物新品种及实施粮经、蔬菜、畜牧、水产四大节水工程，建立 100 个粮经、蔬菜高标准农业节水示范区，大力推广 6 种节水模式和 30 项农艺节水技术，提高农民节水素养等（《京郊日报》2015 年 6 月 8 日）。

从 2014 年起，北京市新增节水灌溉农田 10 万亩，其中低压管道输水灌溉技术占到八成左右，滴灌、喷灌占两成左右，预计每年可节水 500 万吨。

北京的农田灌溉水利用系数已达到 0.79，远远超出全国 0.5 的平均水平（《京郊日报》2014 年 1 月 27 日）。

北京市水产技术推广站已引进、试验、推广了名优节水水产品种 50 余种。泥鳅、匙吻鲟、怀头鲶、鳄鱼、珍珠鳖、罗非鱼、巴丁鱼等几十种被认为具有良好节水效果的鱼类，发展节水型鱼类可提高养殖效率，每年向京郊水产养殖户提供 5 万只龟鳖优质苗种，每年可较相同规模鱼类养殖节水 2.5 万米^3；可提供 30 万米^3 工厂化养殖水体的节水型温热鱼类苗种养殖，其产量相当于 3 000 亩以上的养殖产量，可较池塘模式减少用水 300 米^3。在推广节水型鱼种同时，还推广了 10 项节水生态渔业技术和 6 种节水高效渔业模式。10 项节水生态渔业技术为：生物浮床治理养殖水体富营养化技术、养殖水体高效增氧技术（微孔增氧技术）、全封闭工作化循环水养殖技术、循环温室高产效养殖技术、池塘低碳高效循环流水养殖技术、水产养殖环境改良剂的应用技术、浮性饲料投喂技术、水产综合种养技术、草鱼人工免疫防疫技术、健康养殖调控技术，综合运用这些技术每年可为北京节约渔业用水 80 万米^3 以上。6 种水产养殖节水模式是：池塘标准化养殖模式、循环温室养殖模式、全封闭工厂化循环水养殖模式、龟鳖类节水型庭院式高密度养殖模式、新型池塘浮式循环水养殖模式、湿地综合渔业模式。

北京市土肥站推广由管道及时定量地向作物根层供水的"水

肥一体化"技术，年公顷可减少用水量 900 米³，与传统大水漫灌相比，可节水 30% 以上。

微喷浇灌西瓜节水四成。北京市农业技术推广站在大兴推广西瓜膜下安装微喷系统灌溉，每亩总用水量比传统浇水可减少用水约 70 米³，节水 40% 以上，西瓜传统浇水以 1 亩地计浇洇地水 40 米³，之后定植水缓苗水伸蔓水需水量每次约 30 米³，两次浇膨瓜期水用水分别为 50 米³，总用水量达 170 米³。而采用膜下微喷灌溉，洇地水用量减少为 25 米³，定植水，缓苗水，伸蔓水用水量总共为 47 米³，两次膨瓜水用量减少至 35 米³，总用水量为 107 米³，而且每亩还可节省人工 2～3 个。

2. 感悟 如今，北京人喝上了来之不易的南水。我们高兴、感恩，更应该做的是节约用水。众所周知，农业曾是用水大户。北京农业体量很小，占不到北京市总体生产总值的百分之一，但用水量并不小。缺水的北京，近年来不断通过科技手段加大农业节水力度，农业节水数据不断刷新。通过这些数字，大家可以看出北京农业节水取得的成绩，认识到节水农业任重道远。

3. 数据

（1）**9.1 亿米³** 市水资源公报数据显示，10 年来，北京市农业用水量呈逐年下降趋势，由 2004 年的 13.5 亿米³ 减少到 2013 年的 9.1 亿米³，减少了 32.6%；农业用水占全市用水的比例由 2004 年的 39% 下降到去年的 25%。耕地平均灌水量下降到每亩 208 米³，每立方米水的粮食产出提高到 1.5 千克。从 2005 年开始，农业用水量低于生活用水量，退居第二位。

（2）**3 460 亩集雨示范区** 位于昌平区小汤山的特菜大观园主推膜面集雨高效利用技术。通过修建集雨窖和汇流系统，将雨水收集起来，然后通过重力滴灌技术将雨水回收用于设施蔬菜栽培，采用冬春茬番茄和秋茬球茎茴香的茬口安排，基本实现零用地下水。像这样的膜面集雨示范区，全市共有 3 460 亩，集雨窖总容积 9.7 万米³，覆盖了顺义、密云、房山、昌平等 10 个郊区。2013 年，通过膜面集雨设施，共集水 18.6 万米^3，可满足 600 亩设施蔬菜一年的滴灌用水量。

(3) 6 种灌溉施肥技术 在顺义区都市型现代农业"万亩方"中，目前已建立小麦水肥一体化示范区 3 000 亩，集中展示了 6 种灌溉施肥技术模式。其中时针式喷灌施肥 300 亩、滚移式喷灌施肥 180 亩、自动控制微喷施肥 300 亩、滴灌施肥 20 亩、半固定式喷灌施肥 2 190 亩、小地龙施肥 90 亩。3 000 亩小麦示范区年节水 15 万吨，节电 5 万度，省工 210 个，节本增收 943 万元。时针式喷灌施肥、自动控制微喷施肥和半固定式喷灌施肥区亩产分别达到 553 千克、535 千克和 466 千克，比常规管理分别增产 38.9%、34.4%和 17.1%。

(4) 1 株菜苗节水 1 千克 蔬菜集约化育苗不仅省工省时，而且其省水的效果更加可观。和传统的育苗方式不同，集约化育苗技术是以穴盘为主要育苗容器，以草炭、蛭石、珍珠岩等为育苗基质，在温室等可控环境条件下进行精量播种的一种育苗方式。以常用的 72 穴的番茄苗盘为例，整个育苗期共需浇灌 12 次水，一次用水量 12 千克左右，单栋秧苗浇水量满打满算 0.2 千克。而同样育 1 株番茄苗，传统育苗方式耗水量至少要 1.2 千克，相比起来，集约化育苗 1 株即可节水 1 千克左右。

(5) 猪场污水减排 50% 提起养猪场，不少人的印象是：猪扎堆，粪尿遍地……如今，这样的场景早已成为历史。京郊很多生猪住进了智能化猪舍，过上了生态环保的新生活，猪场污水排放量较以往减少了 50%以上。目前，京郊智能化生态养猪场已建起 10 个示范点，并将在大兴、平谷、怀柔和密云等区进行推广。同时，还推广了猪舍节水型饮水器，当水位低于出水口时，系统可自动补水；水位高于出水口则停止供水，使饮水器水位始终保持在一定水平，从点滴做起，节约用水，保护环境。

(6) "2578" 战略 "2578"战略，意思是到 2020 年，全市畜禽养殖占地 2 万亩、渔业养殖 5 万亩、菜田 70 万亩、粮田 80

万。这 80 万亩粮田中，有 30 万亩是籽种田，旨在发挥北京市的科技资源优势，继续做大做强高附加值的籽种农业；另有 30 万亩旱作田，耗水少，节能高效；剩下的 20 万亩则是景观田。目前，粮田缩减的任务已向各区分解。其中，顺义、大兴、平谷、怀柔、密云、昌平六个区的粮经作物面积要减到只剩 20 万亩左右，相当于顺义一个区 2013 年的粮田面积。通过大幅度的结构调整，加之节能设施改造，力争实现农业用水量逐年递减。

（7）4 亿米³ 新水 根据水务部门对农业用水的总体要求，到 2020 年，全市粮经、蔬菜、畜禽、水产 4 个行业用新水的总体目标将由 5.6 亿米³ 减到 4 亿米³ 左右。为此，北京市农业部门将不断提升农业节水服务与管理水平，有效减少地下水灌溉总量，提高灌溉水利用系数和作物水分生产率，力争实现农艺节水技术和措施的全覆盖，使灌溉水利用系数由 0.7 提高到 0.75 以上，粮食作物水分生产率达到每立方米 2 千克以上，蔬菜水分生产率达到每立方米 40 千克。同时，改造升级畜牧养殖业生产设施，全面实现节水生产。

（8）150 万亩农田 为加快推进农业节水，提高农业用水效率和产出效益，增强农业综合生产能力，市农业局制定了《北京农艺节水实施方案》，大力推进种植业农艺节水技术，2015—2020 年，将通过节水品种、镇压保墒、保护性耕作、雨养旱作、绿色防控、化学抗旱、测墒灌溉、水肥一体化等系列节水技术的综合推广应用，实现北京市 150 万亩农田农艺节水技术全覆盖。其中，包括 80 万亩大田作物、70 万亩蔬菜作物。通过实施农艺科技节水技术，年节约用水 0.36 亿米³。

（9）6 大节水技术模式 2015 年，北京市将在京郊集成推广 6 大农业节水技术模式。其中，设施蔬菜将推广高效精量节水技术模式，以顺义、大兴、平谷、密云、怀柔、昌平等地下水严重超采区为重点，以精量水肥一体化灌溉和覆膜灌溉 2 项技术为核心，配套实施培肥保墒、膜面集雨等农业节水技术。将建设 1 个节水技术集中展示基地、11 个雨水回收利用展示基地和 20 个高效节水示范园区；粮经作物推广旱作节水技术模式，重点在延庆、怀柔、密云、房山，平谷等无灌溉条件的区及地下水严重超采区，建设 15 个玉米雨养旱作生产"示范方"，实现零用地下水的目标。对于小麦等需要灌溉的粮经作物，将推广高效节水灌溉技术模式，重点建设顺义赵全营和大孙各庄，房山窦店 3 个大田作物高效节水"示范方"。

(10) 100 个示范园区 根据规划，到 2020 年，北京的菜田面积将从 59 万亩增加到 70 万亩。蔬菜生产年用水量将由目前的 282 亿米^3 减少到 26 亿米^3。眼下，北京市正在推广种植节水型品种，一系列高效节水技术也正在推广实施。在已建节水灌溉工程的基础上，北京市将升级改造水肥一体化设备，重点以覆膜灌溉和水肥一体化两项技术为核心，实施农艺节水技术全覆盖；以精量灌溉、水肥循环利用和雨水回收利用技术为核心，开展蔬菜高效节水技术推广与示范基地建设，全市将建立 100 个蔬菜高效节水示范园区。

（引自《京郊日报》2015 年 1 月 5 日）

后　记

　　都市型现代农业其词其意是现代都市人的创意，但其足迹则由3 061年前（至2015年）的村落转变为古燕蓟方国都城蹒跚走来而发迹。这就是成名事物的发展学。古代人依职业分为士、农、工、商四类，统称"四民"。自出现城市后农村居住从业的主要是农民，城市居住和从业的主要是士及工、商业者，统称市民。古今市民的生活资料中的农产品都由农村及农民供给，而且主要由城市圈或都市圈内的农民、农业供给。随着社会进步，城市的发达，城乡间相互依存的关系越来越紧密，农业为城市服务的功能，特色越来越突出，尤其在城乡人民进入总体"小康"的社会时期，都市郊区农业的都市化特征令人一目了然，历经三千多年孕育的北京都市型现代农业便"一朝分娩"，并受到学界、民间的热切关注和常态践行。尽管在城市压缩下，遇到了耕地、用水的"瓶颈"，但农林牧渔业总产值和增加值则是持续增长的，"服务首都，富裕农民"的景象是蒸蒸日上的，新农村、新农民、新农业是欣欣向荣的。这就是都市型现代农业的魅力。

看今朝，都市型现代农业繁荣昌盛；忆往昔，"以古为镜，可以知兴替"。这就是本书写作的感言。在此对留下"前车之辙"的人们深表敬畏，感谢他们容我辈鉴辙继往开来！

参 考 文 献

北京市农村工作委员会，2008. 北京农村产业发展报告［M］. 北京：中国农业出版社.

北京市农村工作委员会，2009. 北京农村产业发展报告［M］. 北京：中国农业出版社.

北京市农村工作委员会，2010. 北京农村产业发展报告［M］. 北京：中国农业出版社.

北京市农业局，2009. 首都农业改革发展三十年［M］. 北京：中国农业出版社.

北京市统计局，等. 北京农村统计资料（2000—2005）. 内部资料.

北京市统计局，等. 北京农村统计资料（2006—2010）. 内部资料.

北京市统计局，等. 北京农村统计资料（2012）. 内部资料.

曹子西，1994. 北京通史（1～10卷）［M］. 北京：中国书店.

陈俊红，等，2013. 北京沟域经济发展研究［M］. 北京：中国经济出版社.

当代北京大事记编辑部，1992. 当代北京大事记［M］. 北京：北京出版社.

季延寿，2008. 丰富多彩的北京生物多样性［M］. 北京：北京科学技术出版社.

李金海，等，2009. 林下经济理论与实践［M］. 北京：中国林业出版社.

齐大芝，2011. 北京商业史［M］. 北京：人民出版社.

王东，等，2008. 北京魅力［M］. 北京：北京大学出版社.

王俊英，等，2014. 北京小麦高产指标化栽培技术［M］. 北京：中国农业科学技术出版社.

张平真，2013. 北京地区蔬菜行业发展史［M］. 北京：中国农业出版社.

张一帆，2014. 笔墨春秋. 内部资料.

张一帆，等，2009. 北京特色农产品资源开发与利用研究［M］. 北京：中国农业科学技术出版社.

张一帆，赵永志，2012. 北京农业上下一万年追踪［M］. 北京：中国农业出版社.

张一帆，赵永志，2014. 北京农业的星光神韵［M］. 北京：中国农业出版社.

赵永志，王维瑞，2014. 智慧土肥建设方法研究与实践探索［M］. 北京：中国农业出版社.

朱明德，2006. 都市型现代农业理论与实践［M］北京：中国农业出版社.